Deutsche Texte

Herausgegeben von
GOTTHART WUNBERG

Texte zur Wissenschaftsgeschichte
der Germanistik IV

Materialien zur Ideologiegeschichte der deutschen Literaturwissenschaft

Von Wilhelm Scherer bis 1945

Mit einer Einführung herausgegeben von
GUNTER REISS

Band 1
Von Scherer bis zum
Ersten Weltkrieg

Max Niemeyer Verlag
Tübingen

ISBN 3-484-19020-5

10011Z8Z7X

Inhaltsverzeichnis

Vom Dichterfürsten und seinen Untertanen

Aspekte der Ideologiegeschichte der deutschen Literaturwissenschaft von Scherer bis 1945

Zu begründen, weshalb die Beschäftigung mit Wissenschaftsgeschichte notwendig und relevant ist, erübrigt sich beim heutigen Stand der wissenschaftstheoretischen Diskussion. Seit auf dem Münchener Germanistentag 1966 der Zusammenhang von Germanistik und Nationalismus thematisiert worden ist, reißt die Diskussion[1] um eine Wissenschaft nicht mehr ab, die geglaubt hat, ihre politische Vergangenheit verdrängen zu können und der daraus um so heftiger jene auch heute noch andauernde Krise erwachsen ist, die nicht mit dem Hinweis auf literaturwissenschaftlich bedingte Methodenkontroversen und wissenschaftsimmanente Positionskämpfe abgetan werden kann. Diese Krise ist »primär nicht eine Krise des Gegenstandsbereichs, der Methodenlehre oder der organisatorischen Departmentierung des Fachs, sondern eine Krise seiner gesellschaftlichen Funktionsbestimmung.«[2]

Die gesellschaftliche Funktionsbestimmung muß natürlich im Hinblick auf die Gegenwart geleistet werden. Die Analyse der Geschichte der Germanistik degradiert indes deshalb nicht zur archivalischen Ornamentik, weil etwa das Jahr 1945 »für die deutsche Literaturwissenschaft einen – notwendigen – Neubeginn«[3] bedeutet. So radikal scheint der Bruch nämlich gar nicht zu sein, betrachtet man mehr als nur die äußeren Daten. Das Beispiel der textimma-

---

[1] Vgl. hierzu das umfangreiche bibliographische Material in: Topographie der Germanistik. Standortbestimmungen 1966–1971. Eine Bibliographie. Hrsg. von Gisela Herfurth, Jörg Hennig, Lutz Huth. Mit einem Vorwort von Wolfgang Bachofer. Berlin 1971.

[2] Dieter Richter, Ansichten einer marktgerechten Germanistik. Zur Analyse literaturwissenschaftlicher Studienreformmodelle. In: Literatur in Studium und Schule. Loccumer Experten-Überlegungen zur Reform des Philologiestudiums (I). Hrsg. von Olaf Schwencke. Loccum 1970. S. 13–23: S. 13.

[3] Hans Mayer, Literaturwissenschaft in Deutschland. In: Literatur II. Erster Teil. Hrsg. von Wolf-Hartmut Friedrich und Walther Killy. Frankfurt a. M. 1965 (= Das Fischer Lexikon 35/1) S. 317–333: S. 332.

nenten Interpretationsmethode kann hier als entsprechendes Indiz gelten. Denn die

>textimmanente Interpretation, begriffen als Position, von der aus die Literaturwissenschaft sich gegen Versuche, sie politischen Zwecken dienstbar zu machen, verteidigen ließ, hätte während des Dritten Reiches eine fortschrittliche, wenn auch nur begrenzt wirksame Methode sein können. Bezeichnenderweise ist sie jedoch erst nach 1945 zur literaturwissenschaftlichen Praxis avanciert. Als scheinbare Abkehr von den durch die nationalsozialistische Vergangenheit belasteten Geisteswissenschaften enthielt sie in sich die Möglichkeit, methodische Erneuerung vorzutäuschen, ohne das Versagen der Germanistik einer kritischen Reflexion zu unterziehen. Verständlich als bloß äußerliche Antithese gegen die ›politische‹ Germanistik, blieb sie politisch gerade in der Radikalität, mit der sie alle gesellschaftlichen Inhalte aus der Betrachtung ausschloß.«[4]

Hans Mayers Feststellung von 1965 gilt also heute mehr denn je: »Die Abkehr aber von einer Entwicklung, die sich im Jahre 1933 in all ihren Kausalitäten demonstriert hatte, wird dann erst weithin sichtbar vollzogen sein, wenn es gelingt, den Gesellschafts- und Wissenschaftsprozeß selbst, der dahin geführt hatte, ›radikal‹, nämlich in seiner gesamten Verwurzelung, darzustellen.«[5]

Zur Konzeption des Arbeitsbuches

Mit dem angestrebten Ziel einer Analyse des Gesellschafts- und Wissenschaftsprozesses sind die vorliegenden Materialien ausgewählt. Soll die Beschäftigung mit Wissenschaftsgeschichte mehr als nur eine Chronologie von literaturwissenschaftlichen Methodenprogrammen ergeben, so muß zunächst und vor allem die Fiktion von der autonomen Wissenschaft abgebaut werden. Mit Walter Benjamin läßt sich dieser kritische Ausgangspunkt so umschreiben:

---

[4] Christa Bürger, Deutschunterricht – Ideologie oder Aufklärung. Mit drei Unterrichtsmodellen. Frankfurt a. M. 1970. S. 15. – Unter dem Gesichtspunkt literaturwissenschaftlicher Opposition im Dritten Reich vgl. Staiger in Band II der Anthologie.

[5] Mayer, Literaturwissenschaft in Deutschland a. a. O. S. 332/333. – Ähnlich Karl Otto Conrady, Deutsche Literaturwissenschaft und Drittes Reich. In: Germanistik – eine deutsche Wissenschaft. Beiträge von Eberhard Lämmert, Walther Killy, Karl Otto Conrady und Peter von Polenz. 1.–10. Tausd. Frankfurt a. M. 1967 (= edition suhrkamp 204) S. 71–109; insbes. S. 89/90.

VIII

»Man spricht ja gern von autonomen Wissenschaften. Und wenn mit dieser Formel auch zunächst nur das begriffliche System der einzelnen Disziplinen gemeint ist – die Vorstellung von der Autonomie gleitet doch ins Historische, die Wissenschaftsgeschichte jeweils als einen selbständig abgesonderten Verlauf außerhalb des politisch-geistigen Gesamtgeschehens darzustellen« (Benjamin II, 66).[6]

Dieser Gefahr soll hier dadurch vorgebeugt werden, daß neben Grundsatzbeiträgen zum literaturwissenschaftlichen Selbstverständnis und programmatischen Erörterungen von methodischen Fragen eine Reihe von Zeugnissen persönlicherer Art mit in diesem Sinne wissenschaftsgeschichtlichem Informationswert vorgelegt werden. Vor- und Nachworte zu Aufsatzsammlungen, Nachrufe auf herausragende Gelehrte, Zeitschriften- und Handbucheinleitungen, persönliche Erinnerungen, Tagungsberichte usw. bieten Ansatzpunkte, den konkreten gesellschaftlichen Hintergrund in die Diskussion mit einzubeziehen. Von hier aus kann sich erst die These bestätigen:

»Die Literaturgeschichte ist nicht nur eine Disziplin, sondern in ihrer Entwicklung selbst ein Moment der allgemeinen Geschichte« (Benjamin II, 66).

Unschwer ist zu erkennen, daß die Konzeption der Materialsammlung nicht die eines bloßen Lesebuchs zur Wissenschaftsgeschichte ist. Als Arbeitsbuch soll es Ausgangspunkt zu umfassenderen Fragestellungen sein. So zum Beispiel erklärt sich u. a. auch die Einbeziehung des Vorworts zum »Reallexikon der deutschen Literaturgeschichte«. Da es sich nicht zuletzt auch um die Seminarpraxis von Grundkursen zur Literaturwissenschaft handelt, wird neben dem wissenschaftsgeschichtlichen Stellenwert auch zu berücksichtigen sein, daß damit dem Studienanfänger zugleich eine kritische Anleitung zum Gebrauch von literaturwissenschaftlichen Handbüchern vermittelt werden kann.[7]

---

[6] Zitate aus Texten, die in der Anthologie abgedruckt sind, werden nur in Kurzform unmittelbar nach der jeweiligen Belegstelle angegeben, und zwar durch Angabe des Namens, der Bandzahl und der Seite.

[7] Die »antidemokratische, antisoziale und ahistorische Tendenz der nach 1945 erschienenen germanistischen Handbücher, der Deutschen Philologie im Aufriß und der zweiten Auflage des Reallexikons«, kritisiert Paul-Gerhard Völker, Die inhumane Praxis einer bürgerlichen Wissenschaft. Zur Methodengeschichte der Germanistik. In: Das Argument 49, 10. Jg., 1968. S. 431–454: S. 451. (Jetzt auch in: Marie Luise Gansberg,

Sinn dieser Einleitung kann es freilich nicht sein, die Praxis vorwegnehmen zu wollen. Deshalb sind es auch vornehmlich Thesen zum abgedruckten und zusätzlich hinzugenommenen Material, die einer differenzierten Überprüfung in der Diskussion jedoch noch bedürfen. Mit Absicht werden die Anmerkungen deshalb durch mehr als sonst übliche Literaturhinweise erweitert, um so zusätzliche Informationen zu erschließen.

Ideologiebegriff

Es mag aufgefallen sein, daß bisher nur von »Wissenschaftsgeschichte« die Rede war. Der Titel jedoch präzisiert: hier heißt es »Ideologiegeschichte«. Ein klärendes Wort zum vorausgesetzten Begriff von Ideologie ist nötig.

Daß eine »Ideologiegeschichte der deutschen Literaturwissenschaft« angestrebt ist, kennzeichnet die kritische Perspektive und Position dieser Auswahl, die von Wilhelm Scherer – er gilt nach gängiger Übereinkunft als »Ahnherr der fachwissenschaftlichen Literaturgeschichtsschreibung«[8] – bis zur oben schon diskutierten Grenze von 1945 reicht. Der Hinweis auf Scherer könnte pragmatisch von der Tatsache ausgehen und sich dabei beruhigen, daß an seinen Namen sich »die Einführung der Literaturgeschichte in den Kreis der anerkannten und auf deutschen Universitäten vertretenen Geisteswissenschaften knüpft«.[9] Scherers Ruf auf den neu eingerichteten Fachlehrstuhl der ebenfalls neu gegründeten Universität Straßburg 1872 kann als das äußere Zeichen dieser Entwicklung gelten. Dieses klare Faktum erscheint freilich in ambivalenterem Licht, wenn man das neuerdings von Franz Greß[10] hierzu mitgeteilte Material heranzieht. Die stenographischen Berichte über die Reichstagsdebatte zur Neugründung der Universität Straßburg lassen unschwer erkennen, daß diese Universität »von vornherein als

---

Paul Gerhard Völker, Methodenkritik der Germanistik. Materialistische Literaturtheorie und bürgerliche Praxis. Stuttgart 1970 (= Texte Metzler 16). S. 40–73.

[8] Conrady, Deutsche Literaturwissenschaft und Drittes Reich a. a. O. S. 89.

[9] Werner Mahrholz, Literaturgeschichte und Literaturwissenschaft. Berlin 1923. S. 18.

[10] Franz Greß, Germanistik und Politik. Kritische Beiträge zur Geschichte einer nationalen Wissenschaft. Stuttgart-Bad Cannstatt 1971 (insbes. S. 59–62).

Festung des deutschen Geistes gegen Frankreich gedacht (war), als
Stützpunkt des deutschen Imperialismus«:[11]

>»Meine Herren, wir sind Alle darin einig, daß Elsaß und Lothringen
bei Deutschland festgehalten werden sollen; nicht blos durch die
Macht der deutschen Waffen, durch die sie wiedergewonnen sind, sondern auch durch die Macht des deutschen Geistes, und wir sind gewiß
Alle einig darin, daß eins der mächtigsten Mittel des Geistes, des deutschen Geistes, die Bildung einer *deutschen* Universität in Straßburg
ist ...
Die deutschen Universitäten, ruhend auf dem Grunde der Freiheit,
sind eine so eigenthümlich deutsche Einrichtung, daß kein anderes
Volk, auch kein stammverwandtes, zu dieser Einrichtung sich erhoben
hat, und eben deshalb ist eine deutsche Universität auch eines der all-
mächtigen Mittel, deutsche Stammesgenossen, die lange vom Mutter-
land getrennt waren, wieder mit ihm zu vereinigen und zu ver-
söhnen ...
Sie dürfen glauben, meine Herren, die Universität Bonn hat für die
Vertheidigung des deutschen Rheinlandes soviel gethan, wie die deutschen Festungen am Rhein.
(Sehr gut! links.)«[12]

Eine Darstellung Scherers, die sich in Kenntnis dieses Materials
nur an das biographische Faktum »Ruf nach Straßburg« hielte und
lediglich Scherers in Straßburg aktiviertes Interesse für Literaturgeschichte beschriebe, wäre ideologisch. Sie würde den historischen
Kontext verschweigen und ein falsches Bewußtsein erzeugen über
diese Zusammenhänge. Die deutsche Literaturwissenschaft ist in
ihren programmatischen Äußerungen und in ihrem Selbstverständnis, insofern dabei vom geschichtlich-gesellschaftlichen Bezugsrahmen
abstrahiert wird, ideologisch. Eine Analyse der Geschichte der
deutschen Literaturwissenschaft muß daher zugleich auch Ideologiekritik sein.
    Herbert Schnädelbachs Charakteristik des Marxschen Ideologie-
begriffs beschreibt die wesentlichen Komponenten dieses sehr viel-
schichtigen Komplexes:

>»Ideologie ist gesellschaftlich notwendig falsches Bewußtsein, sofern

---

11 Greß ebda. S. 60.
12 Stenographische Berichte über die Verhandlungen des Deutschen Reichs-
    tages, I. Legislaturperiode – 1. Session, 1871. Bd. 2. Berlin 1871. – *Zi-
    tiert nach:* Greß ebda. S. 60/61.

man die Subjektseite betrachtet, und gesellschaftlich notwendiger Schein, wenn man vom Gegenstand des ideologischen Bewußtseins spricht. Der Terminus ›gesellschaftlich notwendig‹ bedeutet nicht einen naturgesetzlichen Zwang zum falschen Bewußtsein, sondern eine objektive Nötigung, die von der Organisation der Gesellschaft selbst ausgeht. Sie entsteht, wenn die Gesellschaft den Individuen anders erscheint, als sie in Wahrheit ist, wenn bestimmte Oberflächenphänomene ihre innere Organisation verdecken; der ideologische Schein ist ein objektiver Schein, weil die Divergenz von Wesen und Erscheinung der Gesellschaft genetisch auf den Widerstreit zwischen Produktivkräften und Produktionsverhältnissen zurückverweist.«[13]

Der hier angedeutete Ausgangspunkt[14] eines »falschen Bewußtseins«,[15] bedingt durch die »objektive Nötigung, die von der Organisation der Gesellschaft selbst ausgeht«, wirft schon hier im Hinblick auf die Literaturwissenschaft und ihre Geschichte Fragen auf, die etwa die Definition dessen, was der Dichter sei oder das Kunstwerk in unmittelbare Nähe rücken zu den Überlegungen von Jürgen Habermas, der in der Entstehung von »Ideologien im engeren Sinn« die Ersatzfunktion für die brüchig gewordenen »tradi-

---

[13] Herbert Schnädelbach, Was ist Ideologie? Versuch einer Begriffsklärung. In: Das Argument Nr. 50, 10. Jg., 1968 (= Sonderband: Kritik der bürgerlichen Sozialwissenschaften) S. 71–92: S. 83/84.

[14] Ähnlich definiert aus der Sicht der Kritischen Theorie Adorno, vgl.: Theodor W. Adorno, Meinung Wahn Gesellschaft. In: Adorno, Eingriffe. Neun kritische Modelle. 18.–25. Ts. Frankfurt a. M. 1964 (= edition suhrkamp 10) S. 147–172: S. 161.

[15] In einem Brief an Franz Mehring vom 14. Juli 1893 beschreibt Engels diesen Sachverhalt ähnlich: »Die Ideologie ist ein Prozeß, der zwar mit Bewußtsein vom sogenannten Denker vollzogen wird, aber mit einem falschen Bewußtsein. Die eigentlichen Triebkräfte, die ihn bewegen, bleiben ihm unbekannt; sonst wäre es eben kein ideologischer Prozeß. Er imaginiert sich also falsche resp. scheinbare Triebkräfte. Weil es ein Denkprozeß ist, leitet er seinen Inhalt wie seine Form aus dem reinen Denken ab, entweder seinem eignen oder dem seiner Vorgänger. Er arbeitet mit bloßem Gedankenmaterial, das er unbesehen als durchs Denken erzeugt hinnimmt und sonst nicht weiter auf einen entfernteren, vom Denken unabhängigen Ursprung untersucht, und zwar ist ihm dies selbstverständlich, da ihm alles Handeln, weil durchs Denken vermittelt, auch in letzter Instanz im Denken begründet erscheint.« (Karl Marx/Friedrich Engels, Über Kunst und Literatur. Hrsg. von Manfred Kliem, Erster Band Frankfurt a. M. 1968 S. 96.)

tionellen Herrschaftslegitimationen« erkennt und zugleich historisch eingrenzt, indem er zeigt, daß es »in diesem Sinne« [...] vorbürgerliche ›Ideologien‹ nicht geben (kann)«.[16] Literaturwissenschaft als Herrschaftslegitimation ist eine Fragestellung, die an späterer Stelle noch aufzugreifen ist.

Die nationale Wissenschaft

Vom bisher skizzierten Ausgangspunkt her läge es nahe, nunmehr dem Zusammenhang von deutscher Literaturwissenschaft und Nationalismus bzw. Nationalsozialismus nachzugehen. Von Scherers Forderung, ein »*System der nationalen Ethik* aufzustellen« (Scherer I, 2) bis zur »*Kriegseinsatztagung deutscher Hochschulgermanisten*« in Weimar 1940 (II, 133) läßt sich eine stringente Linie ziehen. In der »Adaption der Germanistik zu einer Nationalwissenschaft«[17] dokumentiert sich für heutiges Bewußtsein ein zentraler und offenkundiger Komplex der Ideologiegeschichte der deutschen Literaturwissenschaft. Diese Perspektive freilich wird in einer Reihe von Analysen, die seit der Zäsur des Germanistentages von 1966[18]) entstanden sind, intensiv diskutiert. Die jüngst vorgelegte Studie zur »Geschichte einer nationalen Wissenschaft« von Franz Greß[19] vermittelt in der Verbindung von historisch deskriptiver und politisch analytischer Methode wichtige Einsichten in die Genese des Zusammenhangs von Literaturwissenschaft und Nationalsozialismus. Hier kann also auf bereits Vorhandenes verwiesen werden. Die Arbeitsthesen dieser Einleitung können sich deshalb auf einen Themenbereich konzentrieren, der, bei allem direkten

16 Jürgen Habermas, Technik und Wissenschaft als ›Ideologie‹. 5. Aufl. Frankfurt 1971 (= edition suhrkamp 287). S. 72.

17 Eberhard Lämmert, Germanistik – eine deutsche Wissenschaft. In: Germanistik – eine deutsche Wissenschaft a. a. O. S. 7–41: S. 33. – Zu beachten ist der Kontext des Zitats, der die DDR-Germanistik als »Nationalwissenschaft« in diesem kritischen Sinne mit einbezieht.

18 Die Plenumsvorträge von Lämmert, Conrady, Killy und von Polenz, veröffentlicht als edition suhrkamp-Band 204 (a. a. O.), sind hier zunächst und vor allem zu nennen. – Zur Kritik dieser ersten Phase der Auseinandersetzung mit der nationalsozialistischen Vergangenheit vgl. Wolfgang Fritz Haug, Der hilflose Antifaschismus. Zur Kritik der Vorlesungsreihen über Wissenschaft und NS an deutschen Universitäten. Frankfurt a. M. 1967 (= edition suhrkamp 236).

19 Greß, Germanistik und Politik a. a. O.

Bezug zu den bisherigen Beobachtungen, doch noch grundsätzlichere Fragen aufwirft, die auch in die heute aktuelle Methodendiskussion der Germanistik eingebracht werden müssen und somit – in Abwandlung eines Wortes von Walter Benjamin – dazu beitragen können, nicht nur die Positionen der deutschen Literaturwissenschaft »im Zusammenhang ihrer Zeit darzustellen, sondern in der Zeit, da sie entstanden, die Zeit, die sie erkennt – das ist die unsere – zur Darstellung zu bringen« (Benjamin II, 72).

Nationalpädagogik und Deutschunterricht

»Über deutsche Erziehung« nennt Konrad Burdach seine Betrachtungen von 1886 im »Anzeiger für deutsches Altertum«.[20] Die »nationalpädagogischen Aufgaben« der »Deutschwissenschaft« betont Julius Petersen 1924 (II, 33). Keineswegs allein steht die Forderung: »Jetzt, da wir aus einem literarisch-ästhetischen ein handelndes, aus einem rückwärts gewandten ein vorwärts schreitendes Volk, da wir eine Nation geworden sind, muß das Ziel sein: das nationale Gymnasium« (Burdach I, 8). Die Belege ließen sich vermehren,[21] die Tendenz ist deutlich. Die Akzente liegen auf Erziehung, national-pädagogisch, Gymnasium. Die »Einsichten in nationale Vergangenheit und Art« dürfen »nicht Eigentum der Gelehrten bleiben, sie müssen Gemeingut aller Gebildeten werden, der Jugend vor allem schon zu Fleisch und Blute wachsen« (Panzer I, 84). Wissenschaft und Schule müssen zusammenwirken, soll jene Aufgabe, die sich der Deutsche Germanisten-Verband bei seiner Gründung u. a. stellt, verwirklicht werden: »Wollen wir aber Erziehung und Unterricht beeinflussen, und zwar wie unsere hohen Ziele das selbstverständlich machen, von innen beeinflussen, so ist dies offenbar nur im engsten Zusammenwirken der Hochschullehrer mit den Lehrern der höheren Schulen erreichbar« (Panzer I, 85).

Die Anfänge der germanistischen Literaturwissenschaft sind also in engem Zusammenhang mit dem Unterrichtsfach »Deutsch« an der Schule zu sehen. Dies kann nicht sonderlich verwundern, wenn man an die »Botschaft Kaiser Wilhelms« von 1893 denkt, die als Grundlage für das Gymnasium das Deutsche proklamiert und damit den Konflikt mit der Vormachtstellung der altsprachlichen

[20] Band I, 3.
[21] Vgl. hierzu insbes. Herrle II, 104 ff.

Bildung herbeiführt[22] oder die Schulkonferenz von 1901 in Betracht zieht.

Hier treten diese Zusammenhänge offen zutage, und unübersehbar ist dabei ihr Stellenwert in der politischen Entwicklung des Kaiserreichs. Doch darum geht es hier nicht in erster Linie.[23] Die bereits zitierte Panzersche Formulierung vom »zu Fleisch und Blute wachsen« macht in dieser Pointierung auf dem Hintergrund der postulierten Bildungsaufgabe auf eine wichtige Funktion der Germanistik im Sozialisationsprozeß aufmerksam. An dieser Stelle aber muß die Analyse der Ideologiegeschichte der deutschen Literaturwissenschaft ansetzen.

Literaturwissenschaft und Sozialisationsprozeß

Die Wirkungsabsicht[24] germanistischer Wissenschaft im Verhältnis zum deutschen Schulwesen befindet sich nicht im luftleeren Raum. Sie erhält ihren funktionalen Sinn aus der geschichtlichen Situation. Diese geschichtliche Situation aber ist gerade im ausgehenden 19. Jahrhundert – wie natürlich in verstärktem Maße in unserer Gegenwart – geprägt durch die Auswirkungen einer »Ausdehnung der wirthschaftlichen Beziehungen über den Erdball« und der »Entfaltung der Industrie« (Dilthey, Scherer I, 12) und einer daraus resultierenden, radikalen Infragestellung der Geisteswissenschaften aus dem Blickwinkel ihrer Verwertbarkeit für den Produktionsprozeß. »In dem Maße, in dem technisch verwertbares Wissen zu erzeugen und zu vermitteln die Aufgabe von Forschung und Lehre wird, werden die historisch-hermeneutischen Wissenschaften aus dem Zentrum der Universität verstoßen, das sie in der vorindustriellen Gesellschaft innehatten.«[25] Der damit einherge-

---

22 Näheres bei Herrle II, 107 f. Vgl. auch Panzers Rede zur Gründung des Deutschen Germanisten-Verbandes I, 83 ff.

23 Greß, Germanistik und Politik a. a. O. analysiert in einem der drei Untersuchungsbereiche seiner Arbeit bereits ausführlich »am Beispiel der Schulreform von 1890/1900 und der Arbeit R. Hildebrands die Rolle des Faches Deutsch im Verhältnis zu technischer und humanistischer Bildung« (S. 24).

24 »Die deutsche Philologie hat ein zweifaches Verhältnis zum Leben: erstens durch *Einwirkung* auf richtigen und kunstgemäßen Gebrauch der deutschen Sprache; zweitens durch *Einwirkung* auf den deutschen Geschmack« (Scherer/Schmidt I, 47 Hervorheb. v. Hrsg.).

25 Greß, Germanistik und Politik a. a. O. S. 23.

hende Funktionswandel führt zu vermehrter Belastung mit »sozialintegrativen Aufgaben«.[26] Für die Literaturwissenschaft muß im einzelnen überprüft werden, was Greß für die historisch-hermeneutischen Wissenschaften im allgemeinen geltend macht:

> »Es werden dabei von seiten des Staates und der Gesellschaft Sozialisationsmuster von ihnen verlangt, die konfliktlos in die gängigen Verhaltensrituale und Ideologien sich einpassen, vor allem im Bereich der immer umfangreicheren Ausbildung von Lehrern aller Schularten, die als Folge des steigenden technisch-zivilisatorischen Niveaus notwendig wird.«[27]

Literaturwissenschaftliche Ergebnisse und Interpretationsverfahren als Sozialisationsmuster[28] – diese These scheint sich in einem ersten Zugriff zu bestätigen, bedenkt man, daß Fürstbischof D. Kopp in den »Verhandlungen über Fragen des höheren Unterrichts« vom 4. bis 17. Dezember 1890 in Berlin fordert: »Gymnasialbildung hat vor allem den Zweck, formale Bildung herbeizuführen.«[29] Der doppelte Boden einer solchen formalen Einübung wird sofort einsichtig in Friedrich Panzers Rede zur Gründung des Germanisten-Verbandes, in der er zur »Erlernung der lateinischen Sprache« anmerkt:

> »Und wenn diese lateinische Sprache auch ein bequemes Mittel scharfer geistiger Zucht sein kann, wie etwa das Üben der Gewehrgriffe oder des Paradeschritts als ein Mittel militärischer Disziplin geschätzt wird, obwohl es keinen unmittelbaren Wert für den Krieg besitzt, [...]« (Panzer I, 87/88).

Worauf es ankommt: das Üben der Gewehrgriffe und ihr mittelbarer Wert.

Die Einsicht in eine – nicht bloß metaphorische – Übertragbarkeit formaler Muster stimmt bedenklich auch bei Ernst Elsters Be-

---

[26] Greß ebda. S. 24.
[27] Greß ebda. S. 24.
[28] Hier ist natürlich auch an die konkreten Manifestationen im Schullesebuch zu denken. Vgl. hierzu die besonders für den zur Diskussion stehenden Zeitraum relevante Analyse von Walther Killy, Zur Geschichte des deutschen Lesebuchs. In: Germanistik – eine deutsche Wissenschaft a. a. O. S. 43–69.
[29] Zitiert nach Greß a. a. O. S. 81. – Vgl. im übrigen das ausführliche Material zur Schulreform, das Greß verwendet.

schreibung der literaturwissenschaftlichen Aufgaben im »Betrieb
der deutschen Philologie an unseren Universitäten«: »In besonders
hohem Grade ist es Aufgabe der deutschen Literaturwissenschaft,
nicht nur ein Wissen, sondern auch ein *Können* zu übermitteln«
(Elster I, 74). Die Bedenken verstärken sich noch, wenn »der Vertreter des Deutschen noch eine letzte und höchste Aufgabe« darin
zu erblicken hat, daß mit Hinweis auf die hier schon zur Genüge
zitierten »Kulturwerte und Ideale unserer Nation« sowie das Fühlen, Denken, Hoffen und Sehnen des deutschen Menschen, seine
»Arbeit auf das ganze Leben zurückwirken und schließlich auf die
Pflege jener ›Imponderabilien‹ Einfluß gewinnen (muß), von denen in entscheidender Stunde die wichtigsten Wendungen in den
Geschicken des einzelnen wie der Gesamtheit abhängen« (Elster I,
74). Die hier unverblümt postulierte Einflußnahme verleugnet
ihre manipulative Absicht nicht.

Von diesen wenigen Beispielen her erscheint die These von der
ideologischen Funktion der Literaturwissenschaft im Sozialisationsprozeß nicht von vornherein als überzogen. Natürlich kann man
einwenden, daß mit dieser aufs Formale abgestellten Argumenta-
tion noch nichts Konkretes zu beweisen sei, da es letztlich auf die
Inhalte ankomme, diese aber sich gerade im Bereich der Literaturwissenschaft, wo man es mit dem kritischen Potential von Dichtung zu tun habe, gegen ein solches »Funktionieren« sperrten.
Ganz abgesehen davon, daß auch Inhalte, funktionieren erst einmal die formalen Bezugssysteme, austauschbar sind, so liefern gerade die inhaltlichen Komponenten der Literaturwissenschaft hier
gewichtiges Beweismaterial. Im übrigen darf nicht vergessen werden, daß Literatur kaum unmittelbar rezipiert wird, vielmehr stets
über den Umweg der gelernten Kategorien. Der Begriff des Dichters im literaturwissenschaftlichen Selbstverständnis von Scherer
bis 1945 ist hier also an erster Stelle zu analysieren.

Der Dichterfürst

Die Enthüllung des Goethe-Denkmals in Franzensbad feiert 1906
August Sauer mit Worten, die über den Goethebezug hinaus relevant sind für das Verständnis der Dichterrolle in dieser Zeit:

> »Diesem Dichter entsteht heute ein neues Denkmal in deutschen Lan-
> den, ein neuer Opferaltar dankbarer und demütiger Verehrung, ein
> neues Siegeszeichen seines unermeßlichen Ruhmes. In einsamer Höhe
> ragt das olympische Haupt des Dichterfürsten riesengroß empor. Des

ewigen Lebens voll, fließt die alte heilige Königsquelle der Dichtung, behütet von den Symbolen der Schönheit und der Wahrheit, ein reines Abbild des begeisterten Dichters, der in der tauigen Frühe des Morgens der Dichtung Schleier aus der Hand der Wahrheit empfangen. Die unabsehbare Masse seiner geistigen Schöpfungen, verdichtet zu Sinnbildern des Schaffens, durch die Dichtungsgattungen vertreten, in denen er das Höchste geleistet. Abgestreift ist alles Irdische von ihm, versunken des Lebens Glück und Leid, verschwunden alle Einzelheiten seines Daseins. In hehrer Erhabenheit herrscht der mächtige Genius. Die echte und rechte Verkörperung deutscher Kunst.«[30]

Diese Passage präsentiert in konzentrierter Form alle bis auf unsere Tage noch wirksamen Momente des Dichtungsverständnisses der Literaturwissenschaft. Um für die oben ausgesprochene These Beweismaterial zu erhalten, ist es zunächst notwendig, die einzelnen Kriterien gesondert zu analysieren und damit zugleich auf eine breitere Basis als die der Stichprobe zu stellen.

Das Bild vom Dichter*fürsten,* der in »einsamer Höhe« der »alten heiligen Königsquelle Dichtung« die Wahrheit ablauscht, verrät bereits im Wortgebrauch unverkennbar den »Prozeß der Feudalisierung«, der für die bürgerliche Gesellschaft im letzten Drittel des 19. Jahrhunderts mit raschem Tempo sich vollzog.[31] Dilthey, dessen Aufsatzsammlung »Das Erlebnis und die Dichtung« gleichfalls 1906 erscheint, beschreibt den Dichter ähnlich:

> »So weicht also der Dichter in einem weit höheren Grade von allen anderen Klassen von Menschen ab, als man anzunehmen geneigt ist, und wir werden uns, einer philisterhaften Auffassung gegenüber, welche sich auf biedere Durchschnittsmenschen vom dichterischen Handwerk stützt, daran gewöhnen müssen, das innere Getriebe und die nach außen tretende Handlungsweise solcher dämonischen Naturen von ihrer Organisation aus aufzufassen, nicht aber von einem Durchschnittsmaß des normalen Menschen aus.«[32]

Die Entrückung des Dichters aus der Geschichte und seine Stilisierung zum »Seher der Menschheit« rühmt dann auch Julius Pe-

---

30 August Sauer, Rede zur Enthüllung des Goethe-Denkmals in Franzensbad am 9. September 1906. In: Goethe-Jahrbuch. Hrsg. von Ludwig Geiger. Bd. 28. Frankfurt 1907. S. 95–104: S. 96.
31 Vgl. dazu Greß, Germanistik und Politik a. a. O. S. 65.
32 Wilhelm Dilthey, Das Erlebnis und die Dichtung. Lessing – Goethe – Novalis – Hölderlin. 14. Aufl. Göttingen 1965 (= Kleine Vandenhoeck-Reihe 191 S) S. 133.

tersen in seinem programmatischen Aufsatz »Literaturwissenschaft und Deutschkunde« von 1924 als den »richtunggebenden Anstoß« des Dilthey-Buches (Petersen II, 27)[33]. Dilthey selbst lehrt uns, den »Seherblick des wahren Dichters«[34] zu verstehen: »So erschließt uns die Poesie das Verständnis des Lebens. Mit den Augen des großen Dichters gewahren wir Wert und Zusammenhang der menschlichen Dinge.«[35]

Mit den Augen des großen Dichters: – die Unmündigkeit dessen, der dieser Augen bedarf, ergibt sich als selbstverständlich akzeptierte Voraussetzung. Sie kann auch nicht problematisch erscheinen, wo – um nochmals Sauers Denkmals-Rede zu zitieren – auf dem »Opferaltar dankbarer und demütiger Verehrung« in »hehrer Erhabenheit« der »mächtige Genius« herrscht. Doch liegt nicht bereits in einer solchen Formulierung keimhaft der Führungsanspruch des Dichters – hier *noch* des Dichters – beschlossen, den zu hinterfragen die unbezweifelbare Autorität des Genies von selbst verbietet. August Sauer schreibt im Vorwort zum 1. Band der Zeitschrift »Euphorion«: ». . . und in der verehrungsvollen Hingabe an diese klassische Literatur, in dem Streben zur vollen Erfassung dieser hohen Genien, zum vollen Verständnisse ihrer einzelnen Werke vorzudringen, werden wir unsere eigentliche und schönste Aufgabe erblicken« (Sauer I, 46). 1933, wenn dann Hermann August Korff die »Forderung des Tages« deklariert, beweist sich die innere Kontinuität, trotz veränderter äußerer Bezugspunkte, in »Wertgefühl« und »Ehrfurcht« vor dem »heiligen« Gegenstand des Forschers: ». . . wir sollen trotz allem Forscherwillen ein Gefühl dafür behalten, daß das, was hier zum Gegenstande berechtigter Wißbegier gemacht wird, kein gleichgültiger Gegenstand, sondern letzten Grundes ein *Heiligtum* ist, das den Charakter des Heiligen auch für den Forscher nie verlieren darf« (Korff, Forderung II, 88).

---

[33] »So haben wir es denn in den letzten Jahrzehnten erlebt, daß die Monographie, fortschreitend von realistischer zu idealistischer Methode, den historischen Zusammenhängen immer mehr entwuchs und auf die Erkenntnis des wesentlich Zeitlosen, des Persönlichkeitswertes, auf die Konstruktion des geistigen Sinnes, des begrifflich Erfaßbaren, ja des Formelhaften einer Existenz ihren Schwerpunkt verlegte« (Petersen II, 28).

[34] Dilthey, Das Erlebnis und die Dichtung a. a. O. S. 165.

[35] Dilthey ebda. S. 139.

Die »Nutzanwendung« solcher Einstellung zur »Genialität als Sondertatsache und Eigenwert«[36] läßt sich aus Paul Fechters Äußerungen von 1941 über den »Sinn (!) des Genies« ziehen: »Der Sinn des Genies wird zuletzt darin sichtbar, daß es immer wieder dem glaubenslosen Nichts der Skepsis, dem hinter allem Leben drohenden Nihilismus die Kraft eines neuen Glaubens und damit eines neuen Lebens entgegenbaut, daß es als immer neuer Führer zum immer neuen Leben zuletzt der entscheidende Träger und Bewahrer dieses Lebens ist [. . .]«[37] Die konkrete Realität dieses Glaubens an den neuen Führer war zu dieser Zeit – 1941 – bereits deutlich genug zu sehen. Die Formel: »Genie ist zuletzt ein unmittelbares Teilhaben an der Schöpferkraft des Göttlichen«[38] konnte dabei angesichts der Wirklichkeit eigentlich nur noch als Zynismus begriffen werden. So erweist sich auch Fechters Feststellung, nicht nur in den Bezirken der Kunst wirke sich das menschliche Genie aus, sondern »auf allen Gebieten des formenden, deutenden, gestaltenden Daseins« treibe die »geistig-seelische Macht« die »Grenzen des Lebens weiter«,[39] als bittere Wahrheit: die Erweiterung der Grenzen des deutschen Lebensraums ist ein wesentlicher Punkt in Hitlers Machtentfaltung. Pongs z. B. spricht im Umfeld der »schöpferischen Kräfte eines Volkes« vom »Krieg als Volksschicksal« (Pongs II, 100/101) und meint damit keineswegs nur das »Schrifttum«, das er analysiert. Die vom »Genie« erweiterten »Grenzen des Lebens« enthüllen sich hier in ihrem materiellen Kern.[40] Und es ist nur konsequent, wenn Pongs von »Führertum und Gefolgschaft« (Pongs II, 102) spricht, da doch Hingabe und Ehrfurcht vor dem als unergründbar postulierten Schöpferischen zu den wesentlichen –

---

[36] Herbert Cysarz, Literaturgeschichte als Geisteswissenschaft. Kritik und System. Halle a. d. S. 1926. S. 6.

[37] Paul Fechter, Vom Sinn des Genies. In: Deutsche Rundschau Bd. 267. 1941. S. 124–127: S. 127.

[38] Fechter ebda. S. 127.

[39] Fechter ebda. S. 126.

[40] Franz Koch bestätigt dies mit dem ersten Satz seines Vorworts zu Von deutscher Art in Sprache und Dichtung. Hrsg. im Namen der germanistischen Fachgruppe von Gerhard Fricke, Franz Koch und Klemens Lugowski. Band 1. Stuttgart und Berlin 1941. S. V: »Der totale Krieg, wie wir ihn erleben, ist nicht nur eine militärische, sondern zugleich auch eine geistig-kulturelle Auseinandersetzung größten Maßes.«

und eingeübten – Eigenschaften des Menschen gehören. Die abstrakten Definitionen, die Fechter für den Umgang mit dem genialen Menschen gibt, erweisen sich so als ganz praktisch und konkret: Der geniale Mensch

> »stellt die nicht Genialen vor eine Welt, die es bis zu ihm nicht gab, und zwingt sie nicht nur zur Auseinandersetzung, sondern zur Erwerbung dieser Welt; sie müssen vor seiner Leistung und von seiner Leistung aus sich neue, bisher ungenutzte Kräfte holen und holen lassen, um die neue Wirklichkeit seines Werkes auch zu ihrer Wirklichkeit zu machen [...] Die nach ihm kommen, stehen vor der Aufgabe, mit ihren anderen, nicht genialen Mitteln nach seinem Vorbild in die neuen Bereiche vorzudringen [...]«[41]

Etwas von der »Schlüsselstellung« der Germanistik wird dabei sichtbar, die im Kreise der deutschen Geisteswissenschaften, »in der Erkenntnis dieser geschichtlichen Stunde« auf »ihre Weise« am Krieg teilnimmt und die »ungeheure Aufgabe« zu lösen verspricht, »diesem neuen Europa auch eine neue geistige Ordnung zu geben, geistig zu durchdringen, was das Schwert erobert hat«.[42]

Der Auftrag zur Einübung in Verhaltensweisen dieser »neuen geistigen Ordnung« muß bereits dort gesehen werden, wo Diltheys Dichtungslehre Intuition und kongeniales Nachempfinden des Dichterworts zur Aufgabe der Literaturwissenschaft macht. Der elitäre Anspruch in dieser Auffassung von Kunst – denn wer anders als eine geistige Elite sollte sonst dem Dichtergenie ebenbürtig sein und seine Wahrheit verstehen lehren? – stilisiert den Umgang mit Dichtung zum »Tempeldienst« (Ermatinger II, 39)[43] um. »Demokratischer Nivellierungswut«[44] wird das Konzept des »Einzelnen, der immer etwas vom Helden haben muß« (Roethe I, 71), entgegengehalten. Der »neue Held«, den Roethe[45] geboren sieht

---

41 Fechter, Genie a. a. O. S. 125.
42 Von deutscher Art a. a. O. S. V.
43 Das vollständige Zitat lautet: »Wem der Beruf der Ergründung und Deutung dichterischer Werke geworden ist, soll sich dessen bewußt sein, daß er zum Hüter der herrlichsten Schätze seines Volkes bestellt und sein Amt nicht ein Handwerk, sondern ein Tempeldienst ist, den er mit Hingabe seiner ganzen Person an das Heilige auszuüben hat« (Ermatinger II, 39).
44 Gustav Roethe, Vom literarischen Publikum in Deutschland (1902). In: Roethe, Deutsche Reden. Hrsg. von Julius Petersen. Leipzig o. J. S. 204 –222: S. 210.

»im Wehen des Sturmes und Dranges« (Roethe I, 68), ist der
»*Schöpfer*« (Roethe I, 68). Der »Künstler schafft wie ein Gott,
und sein Werk ist unabhängig von dem Unverstand der Menschen« (Roethe I, 69/70). So schließt sich also auch hier der Kreis:
der neue Held – der »deutsche Held« (Roethe I, 71) –, zunächst nur
im Bereich der Dichtung gefeiert, bewährt sich dort, wo der »widerliche Trieb der Gleichmacherei« bekämpft werden soll, »der unter der Maske der Gerechtigkeit die Unterschiede von Groß und
Klein, Schön und Häßlich, Mann und Weib am liebsten verwischen
möchte« (Roethe I, 71). Jost Hermands Formulierung vom »aristokratischen Geistanspruch des spätwilhelminischen Bürgertums«[46]
kennzeichnet die Nahtstelle, wo esoterische Kunst und geistiges
Schöpfertum, postuliert zwar als strikt getrennt von jeder Wirklichkeit, umschlagen in politische Realität und Geschichte.

Der Dichterfürst und seine Gefolgschaft – hierin drückt sich
nicht nur fiktive Spielerei im Künstlerischen aus. Diese Überhö-
hung enthält zu einem nicht geringen Teil die realen gesellschaftlichen Konflikte.[46a]

Der Forscher als Führer

Aristokratischer Geist und Elitedenken prägen das Ideal auch des
Forschers und Gelehrten. In der »persönlichen genialen Virtuosität
des Philologen« (Dilthey, Hermeneutik I, 59) liegt seine Ebenbürtigkeit mit dem dichterischen Genie. »Wilhelm Scherer war eine
geniale Natur«, schreibt Erich Schmidt im Nachruf auf seinen Lehrer (Schmidt I, 32).[47] Bei Erich Schmidt wiederum rühmt Oskar
Walzel, daß er zu jenen »Ausnahmenaturen« gehörte, deren

---

[45] Julius Petersen charakterisiert im Vorwort der von ihm herausgegebenen »Deutschen Reden« von Gustav Roethe dessen »Lebens- und Glau-
bensbekenntnis« so: »Heldentum, Treue, aristokratische Bildung zur
freien Persönlichkeit, stolze Liebe zu Vaterland und Heimat, hochge-
mutes Festhalten am heiligen Erbe der Vergangenheit.« (Deutsche Reden a. a. O. S. VI.)

[46] Jost Hermand, Synthetisches Interpretieren. Zur Methodik der Literaturwissenschaft. München 1968 (= sammlung dialog 27). S. 38.

[46a] Auf die in diesem Zusammenhang notwendige Analyse des George-
kreises kann hier nur verwiesen werden. Vgl. auch Gert Mattenklott,
Bilderdienst. Ästhetische Opposition bei Beardsley und George. München 1970.

[47] Ebenso wird er als »Aristokrat« gerühmt: »Auch darin war er Aristo-

»äußere Erscheinung schon Menschen von machtvoller Wirkung, Berufene, Auserlesene versprach« (Walzel I, 112). Und mehr noch: »Auch im Kreis Auserlesener wirkte er wie der Auserlesenste, wie ein geborener Führer und Entscheider« (Walzel I, 112).[48]

Neben dem Zusammenhang von Forscher und Führer ergibt sich in Walzels Schmidt-Nachruf auch ein Streiflicht zum Background einer Soziologie des Gelehrten, einem Problem, das in der Analyse der Wissenschaftsgeschichte der Germanistik noch viel zu wenig beachtet wird,[49] obgleich nicht unwichtige Aufschlüsse über die Funktion einer Wissenschaft in Staat und Gesellschaft davon zu erwarten sind. Walzel nimmt Schmidts Tätigkeit in Weimar »im Dienste Goethes und einer würdigen Nachfolgerin Anna Amalias« (Walzel I, 113) in Schutz und vermittelt indirekt einen Eindruck von der Rolle des bürgerlichen Gelehrten:

> »War's ihm auch nicht beschieden, gleich dem jungen Goethe in Weimar die Aufgabe eines Staatenlenkers zugeteilt zu erhalten, so winkte da doch, was auch dem jungen Goethe letzten Endes wichtiger war, als das Amt eines kleinstaatlichen Ministers: der Eintritt in eine andere Gesellschaftsschicht, der Gewinn einer neuen Unterlage des Lebens, die Möglichkeit, über einen zwar nicht engen, aber immer doch einseitigen Betätigungskreis hinauszugelangen« (Walzel I, 113).

Wichtig erscheint es Walzel, in diesem Zusammenhang zu betonen, daß

> »er nie auch nur mit einer Bewegung den gesellschaftlich Unebenbürtigen andeutete, dem solcher Verkehr Huld und Gnade darstellt. Gleichwohl lag ihm nichts ferner, als Männerstolz vor Königsthronen zu tragieren. Etwas Selbstverständliches war ihm, höfische Form zu wahren und doch seiner Würde nichts zu vergeben« (Walzel I, 112).

Im Spannungsfeld von Bürgertum und Aristokratie gewinnen die bisher konstatierten Aspekte von Elitedenken, Genialität, Schöpfertum, die Einsamkeit des Dichterfürsten und der daraus resultierende Führungsanspruch von Dichter *und* Forscher eine neue

---

krat, dass er die emporhebenden Schriftsteller jederzeit den herabsteigenden vorzog« (Schmidt I, 36).

[48] Den Forscher als »Führer und Bildner« betont auch Ermatinger II, 36.

[49] Conrady, Deutsche Literaturwissenschaft und Drittes Reich, a. a. O. S. 93 benennt als einen der Gründe der »Ausbildung einer völkischnationalen Deutschwissenschaft« den kaum analysierten »soziale(n) Herkunfts- und Bildungsbereich der Vertreter der akademischen Germanistik«.

politische Dimension. Nicht mehr gegen die Feudalaristokratie des 18. Jahrhunderts, also nach oben, erfolgt die ideologische Abgrenzung. Jetzt, am Ende des 19. Jahrhunderts verteidigt sich das Bürgertum mit den ideologischen Waffen der Kunst und der Wissenschaft nach unten, gegen die Ansprüche des Proletariats. Ästhetische Bildung ist dabei eines der Mittel zur Absicherung der Interessen des »saturierten Bürgertums der zweiten Jahrhunderthälfte, das den weltanschaulichen Idealismus der Achtundvierziger an den Nagel hängt und sich mit einem gemächlichen Ausbau der errungenen Machtpositionen begnügt«.[50] Das »Gelehrtenideal dieser Ära«[51] – der Gründerzeit und ihres Positivismus – ist der »richtungslose Alleswisser, der Enzyklopädist«.[52] Die Krise der Geisteswissenschaften, die der technologischen Entwicklung und dem naturwissenschaftlichen Fortschritt dieser Epoche implizit ist, äußert sich zunächst in dem Bestreben Ebenbürtigkeit zu erreichen durch ein »fleißiges Zusammentragen kleiner und kleinster Bausteine zu einem imponierenden Turmbau der bloßen Faktizität«.[53] Scherer formuliert dies so:

»Dieselbe Macht, welche eine unerhörte Blüte der Industrie hervorrief, die Bequemlichkeit des Lebens vermehrte, mit einem Wort die Herrschaft des Menschen über die Natur um einen gewaltigen Schritt vorwärts brachte – dieselbe Macht regiert auch unser geistiges Leben: sie räumt mit den Dogmen auf, sie gestaltet die Wissenschaft um, sie drückt der Poesie ihren Stempel auf. Die Naturwissenschaft zieht als Triumphator auf dem Siegeswagen einher, an den wir alle gefesselt sind.«[54]

---

[50] Hermand, Synthetisches Interpretieren a. a. O. S. 23. – Vgl. zum Zusammenhang von Positivismus und Bismarcks Macht- und Handelspolitik sowie der Situation des deutschen Bildungsbürgertums insbes. auch Greß, Germanistik und Politik a. a. O. S. 48/49.

[51] Hermand, Synthetisches Interpretieren a. a. O. S. 24.

[52] Hermand ebda. S. 24.

[53] Hermand ebda. S. 23.

[54] Wilhelm Scherer, Vorträge und Aufsätze zur Geschichte des geistigen Lebens, Berlin 1874, S. 411 (zitiert nach Hermand a. a. O. S. 25). – Das Problem der Ebenbürtigkeit der Geisteswissenschaft beschäftigt noch 1926 in ähnlicher Weise Herbert Cysarz (Literaturgeschichte als Geisteswissenschaft a. a. O. S. 9): »Es gilt das Vorwärtsrasende zu lenken (nicht nur zu bremsen), vertausendfachtem Werkzeug Plan und Ziel zu geben, *dem ungeheuren extensiven Kraftaufwand des technischen und Wirtschaftslebens ebenbürtig intensive Energie gegenüberzustellen*

In jener »›machtgeschützten Innerlichkeit‹ [...], die Thomas Mann nicht zu Unrecht als typische Lebensform des deutschen Bürgertums im Kaiserreich«[55] bezeichnet hat, wird dann freilich die andere Seite dieser Krise sichtbar in den lebensphilosophischen und aristokratischen Perspektiven der Diltheyschen »Psychologisierung und Irrationalisierung des bisherigen Geistbegriffs«.[55a] In ihrer ideologischen Auswirkung sind Scherer und Dilthey lediglich zwei Seiten ein und derselben Sache. Die eingangs aufgestellte These von der Literaturwissenschaft als Herrschaftslegitimation erweist sich mehr und mehr als tragfähig.

Das gewisse humoristische Behagen beim Kampf um das Dasein

Die Ideologie der »Innerlichkeit des deutschen Lebens«[56] hervorzuheben, heißt, sie noch einmal in scharfen Kontrast zu setzen mit der sozialen Situation des Bürgers und Gelehrten, der sie für sich beansprucht. Stellvertretend für die Beschreibung der äußeren Lage des Gelehrten kann die Skizze stehen, die 1902 im Nachruf auf Herman Grimm, dem Sohn Wilhelm Grimms, entworfen wird:

> »Lesend, schreibend, im Betrachten der Kunstwerke, im Spinnen und Weben der Gedanken verbrachte er seine Tage. Was ihn, bis er selbst zum Manne reifte, behaglich, förderlich und gefällig umgab, war die Atmosphäre eines gelehrten Daseins, eines wohlhabenden bürgerlichen Hauses. Weder bei seinen Eltern noch in der eigenen Lebensführung hat er die Sorgen um den Erwerb, die Nothwendigkeit der Arbeit um der Existenz willen kennen gelernt. Der Kampf um das Dasein war für ihn eine ideale Formel, um das Ringen der Natur und die Entwicklung der Menschheit auszudrücken, eine persönliche Bedeutung für ihn hatte er nicht.«[57]

Der Kampf um das Dasein nur eine ideale Formel? Ein unverbindliches Spiel, was für Tausende bitterer Ernst ist? Ist hier der Anspruch der Humanität verwurzelt, der sich als »Frage nach Stil und Form dadurch rechtfertigt«, daß diese Frage »auf das eigentliche Humane zurückführt und den Menschen mit sich selbst be-

---

(nicht bloß die Quantität und das Tempo nun auch im Geistigen zu steigern).«

[55] Hans Mayer, Literaturwissenschaft in Deutschland a. a. O. S. 327.
[55a] Hermand ebda. S. 38.
[56] Dilthey, Das Erlebnis und die Dichtung a. a. O. S. 57.
[57] Karl Frenzel, Herman Grimm. In: Goethe-Jahrbuch. Hrsg. von Ludwig Geiger Band 23. Frankfurt 1902. S. 236–243: S. 237/238.

kanntmacht«?[58] Auch die von Paul Böckmann 1931 skizzierten
»Aufgaben einer geisteswissenschaftlichen Literaturbetrachtung«[59]
rücken in dieses Zwielicht ein: »Die Aufgabe, in das Leben des
Geistes einzuführen, stellt sich für die Literaturwissenschaft durch
die geistige Bedeutsamkeit, die in der Dichtung Gestalt gewinnt
und die dem Text das Thema gibt.«[60] Das »Leben des Geistes«
diagnostiziert freilich Heinrich Mann schon 1910 mit anderen Vor-
zeichen. Goethes »Werke, der Gedanke an ihn, sein Name haben
in Deutschland nichts verändert, keine Unmenschlichkeit ausge-
merzt, keinen Zoll Weges Bahn gebrochen in eine bessere Zeit.«[61]

> »Er muß sich gefallen lassen, daß reaktionäre Minister dem Volk statt
> seiner Rechte einen Satz von ihm bieten, der diese Rechte entwertet,
> [...]«[62]

Wie hat doch August Sauer in seiner schon zitierten »Rede zur
Enthüllung des Goethe-Denkmals in Franzensbad« gesagt: »Abgestreift ist alles Irdische von ihm, versunken des Lebens Glück und
Leid, verschwunden alle Einzelheiten seines Daseins.«[63] In der
5. Auflage des »Sachwörterbuchs der Literatur« von 1969 findet
sich unter dem Stichwort »Dichtung« Entsprechendes:

> »D. schafft e. in sich geschlossene Eigenwelt von größter Höhe, Rein-
> heit und Einstimmigkeit mit eigenen Gesetzen, daher ist die einzige
> ihr adäquate Betrachtungsweise e. solche, die sie als selbständiges
> Kunstgebilde behandelt und nicht in ihr Spiegelungen des Dichters,
> Zeit- und Volksgeists oder e. Weltanschauung sucht; sie ist nicht als
> ›Ausdruck‹ von etwas anderem zu erforschen, sondern ›selig in sich
> selbst‹ [...], und ihre Wirkung besteht im Einstimmen des Aufneh-

---

58 Paul Böckmann, Stil- und Formprobleme in der Literatur. In: Stil- und
Formprobleme in der Literatur. Vorträge des VII. Kongresses der Inter-
nationalen Vereinigung für moderne Sprachen. Hrsg. von Paul Böckmann. Heidelberg 1959. S. 11–15: S. 12.
59 Paul Böckmann, Von den Aufgaben einer geisteswissenschaftlichen Literaturbetrachtung. In: DVJS 9. Jg. 1931. S. 448–471.
60 Böckmann, Aufgaben ebda. S. 452.
61 Heinrich Mann, Essays I. Ausgewählte Werke in Einzelausgaben. Bd.
XI. Hrsg. von Alfred Kantorowicz. Berlin 1954, S. 19.
62 H. Mann ebda. S. 19/20.
63 Sauer, Goethe-Denkmal a. a. O. S. 96.

menden in ihren eigenen Lebensraum; nur im innerseelischen Mitschwingen wird sie zum Erlebnis.«[64]

Die Kontinuität der Beschreibungsmodelle über die Zeiten hinweg zeigt die kaum gewandelte innere Struktur der literaturwissenschaftlichen Interpretationsmuster. So kann auch Diltheys 1906 vorgelegter Ansatz mehr als nur individuelle Geltung beanspruchen: Das poetische Werk

> »hat nicht die Absicht, Ausdruck oder Darstellung des Lebens zu sein. Es isoliert seinen Gegenstand aus dem realen Lebenszusammenhang und gibt ihm Totalität in sich selber. So versetzt es den Auffassenden in Freiheit, indem er sich in dieser Welt des Scheines außerhalb der Notwendigkeiten seiner tatsächlichen Existenz findet. Es erhöht sein Daseinsgefühl. Dem durch seinen Lebensgang eingeschränkten Menschen befriedigt es, die Sehnsucht, Lebensmöglichkeiten, die er selber nicht realisieren kann, durchzuerleben. Es öffnet ihm den Blick in eine höhere und stärkere Welt.«[65]

Vor dem Hintergrund der oben zitierten bürgerlichen Sicherheit des Gelehrtendaseins klingt die Formulierung von der »Freiheit« außerhalb der Notwendigkeiten der tatsächlichen Existenz nur konsequent, die Erhöhung des Daseinsgefühls plausibel. Doch für jene, deren »Lebensgang eingeschränkt« ist – Dilthey kennt das Problem, indem er es nennt –, bleibt der »Blick in eine höhere und stärkere Welt«. Saturiertheit schlägt hier in Zynismus um. Wie Hohn klingt es, wenn Scherer vom Philologen sagt: »Aber jedem Philologen wird das Streben nach der Wahrheit an sich, nach dem Echten, Ursprünglichen, Authentischen, eine Art von Sport, dem wir uns mit einem gewissen humoristischen Behagen hingeben.«[66]

Wahrheit, nicht Wirklichkeit: Die Aura des Seelsorgers

Die »Wahrheit, nicht die Wirklichkeit« (Roethe II, 10) sucht also die »philologische Kunst« (Roethe II, 10). Außer Zweifel steht für Dilthey, daß das »Werk eines großen Dichters oder Entdeckers, eines religiösen Genies oder eines echten Philosophen ... immer nur der wahre Ausdruck seines Seelenlebens sein (kann)« (Dilthey,

---

[64] Gero von Wilpert, Sachwörterbuch der Literatur. 5. verb. u. erw. Aufl. Stuttgart 1969 (= Kröners Taschenausgabe 231), S. 171.

[65] Dilthey, Das Erlebnis und die Dichtung a. a. O. S. 139.

[66] Wilhelm Scherer, Goethe-Philologie. In: Scherer, Aufsätze über Goethe. Hrsg. von Erich Schmidt. Berlin 1886, S. 3–27: S. 21 (zuerst 1877).

Hermeneutik I, 58). In »dieser von Lüge erfüllten menschlichen Gesellschaft ist ein solches Werk immer wahr« (Dilthey, Hermeneutik I, 58). Die Autorität des Dichters erscheint als unbezweifelbar, die »metaphysischen Urprobleme« (Unger II, 43), die in das Werk eingehen, offenbaren die »ewige Substanz des Menschentums . . ., die zeitlos durch die Zeiten geht« (Strich, II, 1). »Wissenschaft als Mythologie« (Ermatinger II, 35) wird Sache des Glaubens,[67] nicht des Verstandes, denn die »Gegenstände der Dichtung sind letzten Endes immer die göttlichen Dinge selbst«.[68] So umgibt den »Germanisten bis weit ins 20. Jahrhundert hinein – ob als Deutschlehrer oder als Dichtungsinterpreten vom Hochschulkatheder und selbst als andächtig um Urtext-Herstellung bemühten Schreibtischgelehrten – die Aura eines Seelsorgers im Gewande der Wissenschaft.«[69]

Die »ideengeschichtliche Betrachtung von Dichtung«, von der Oskar Walzel 1926 sagen kann, sie sei »heute etwas Selbstverständliches geworden« (Walzel II, 59), reduziert die geschichtliche Realität auf die Kategorie des Lebens. Als Kronzeuge wird »Diltheys große Konzeption von der Dichtung als Lebensdeutung«[70] beschworen, um, wie Unger begründet, »eine neue Art geistesgeschichtlicher Synthese in die literaturwissenschaftliche Forschung

---

[67] Lämmert, Germanistik – eine deutsche Wissenschaft a. a. O. S. 27: »Der von ihr (= Germanistik, d. Hrsg.) selbst beharrlich tradierte, ja neuerlich erhöhte Glaube an die unmittelbare Offenbarungsmacht des Dichterworts verführt dabei nicht wenige ihrer wortmächtigsten Vertreter dazu, sich auslegend einer Wissenschaftssprache zu bedienen, in der Bild und Sache sich geheimnisvoll-offenbar verschränken.« Der Verzicht auf jeden Erkenntnisanspruch, der »aus der Beschäftigung mit der Dichtung selbst wieder Dichtung« macht (Löwenthal II, 80/81) müßte an anderer Stelle eingehender analysiert werden.

[68] Fritz Strich, Deutsche Klassik und Romantik oder Vollendung und Unendlichkeit. 1.–3. Aufl. München 1922. S. 13.

[69] Eberhard Lämmert, Das Ende der Germanistik und ihre Zukunft. In: Ansichten einer künftigen Germanistik. Hrsg. von Jürgen Kolbe. München 1969 (= Reihe Hanser 29) S. 79–104: S. 81.

[70] Rudolf Unger, Literaturgeschichte als Problemgeschichte. Zur Frage geisteshistorischer Synthese, mit besonderer Beziehung auf Wilhelm Dilthey (1924). In: Unger, Gesammelte Studien. 1. Band: Aufsätze zur Prinzipienlehre der Literaturgeschichte. Darmstadt 1966. S. 137–170: S. 151.

XXVIII

PT47. M2

LYFGUARD PLEASE

LIBRARY BOOK SUGGESTION

Date of request

AUTHOR (surname first) (BLOCK CAPITALS ONLY)				
TITLE				

[handwritten: REISS, Gunter (ed) Materialien zur Ideologiegeschichte]

PUBLISHER

Recommended by

Reserve for

Price

		ISBN		
	HBK			
	PBK			
	Branch 000	Loan	Fund	
	Branch 000	Loan	Fund	
	Branch 000	Loan	Fund	

Control No 3 4 8 6 1 9 0 2 0 5

No of copies	
Date of Publication	*1973*
Dept	
Details found	

LIBRARY USE

Order No   1 6 4 7 2 0 9

Date Ordered

Supplier *Dodi*

Libertas X
Card cat. X

Record bought *(Y) N*

conc

90039 revised 1/95

einzuführen bzw. ihre Einführung prinzipientheoretisch zu begründen«.[71] Wenn Dilthey jedoch formuliert: »Poesie ist Darstellung und Ausdruck des Lebens«,[72] so heißt das gleichzeitig: »Ihr Gegenstand ist nicht die Wirklichkeit, wie sie für einen erkennenden Geist da ist, sondern die in den Lebensbezügen auftretende Beschaffenheit meiner selbst und der Dinge.«[73] Das »Grundverhältnis zwischen Leben und Dichtung«[74] ist also geprägt von der »subjektivistischen Willkür«[75] des Dichters und seiner Interpreten. Jede vom Bewußtsein unabhängige Wirklichkeit wird damit ausgeschlossen. Emil Ermatinger[76] spricht folgerichtig von Geschichte als den »dunklen Tiefen der Welt«, deren sichtbare Zeichen – er meint »so ungeheure Erschütterungen der staatlichen und wirtschaftlichen Lebensordnung wie der Weltkrieg« es ist – unseren Augen und unserem Denken nur zugänglich sind als »die an die Oberfläche dringenden Zeichen des Aufruhrs im Innern«. Formulierungen wie: die »elementaren Mächte des Daseins«[77] vernebeln die konkrete geschichtliche Wirklichkeit mit allen ihren Leiden und Gewaltverhältnissen und ersetzen Rationalität durch Irrationalität. Und doch wird von Ermatinger gerade die Aufklärung bejubelt, die dem »menschlichen Erkenntnisdrange neue Methoden« schafft zur Eroberung und Ausbeutung der Welt, in der er die »beste mögliche von Gott geschaffene« feiert:

»Ungeheurer Schaffenswille durchpulst die abendländische Menschheit. Leidenschaftlich kämpft der Drang, die irdische Wirklichkeit zu erforschen, zu erobern und auszubeuten. Wissen ist Macht, verkündet Bacon. Nach allen Richtungen der geistigen und stofflichen Welt segeln Konquistadoren aus, und am Schlusse des 17. Jahrhunderts ersteht

---

71 Unger ebda. S. 144.
72 Dilthey, Das Erlebnis und die Dichtung a. a. O. S. 126.
73 Dilthey ebda. S. 126.
74 Dilthey ebda. S. 127.
75 Hermand, Synthetisches Interpretieren a. a. O. S. 38.
76 Emil Ermatinger, Die deutsche Literaturwissenschaft in der geistigen Bewegung der Gegenwart. In: Ermatinger, Krisen und Probleme der neueren deutschen Dichtung. Aufsätze und Reden. Zürich/Leipzig/Wien 1928. S. 7–30: .S 7.
77 Böckmann, Von den Aufgaben a. a. O. S. 458. – Vgl. hierzu auch die Lukács-Kritik an den Büchner-Deutungen von Viëtor, Gundolf und Pfeiffer; übersichtlich zusammengestellt in: Georg Büchner. Hrsg. von Wolfgang Martens. Darmstadt 1969 (= Wege der Forschung LIII).

in Leibniz dem deutschen Leben der erste große Verkündiger des Sinnes der neuen Zeit: Leben ist schöpferische Bewegung geistig-göttlicher Urkräfte. Die bestehende Welt ist als die beste mögliche von Gott geschaffen worden. Der schöpferische, lebensfreudige deutsche Idealismus ist geboren. Überwunden ist für die schaffende geistige Oberschicht die leidselige Jenseitssehnsucht des 17. Jahrhunderts.«[78]

Vor diesem Hintergrund sind also für die »schaffende geistige Oberschicht« die »elementaren Probleme des Menschenlebens, die großen, ewigen Rätsel- und Schicksalsfragen des Daseins, deren gestaltende Deutung den Kerngehalt alles Dichtens bildet und deren Darstellung und Entwicklung in der schönen Literatur demgemäß von der literarhistorischen Problemforschung systematisch zu untersuchen ist«,[79] zu sehen.[80]

Zeitgeist und Zeitgeister

Als ewige »Rätsel- und Schicksalsfragen des Daseins« wird also verunklart, was bei näherem Hinsehen und rationaler Geschichtsanalyse unschwer ökonomische und machtpolitische Interessenskonflikte sichtbar machen könnte. Die Ermatingerschen Konquistadoren und der »lebensfreudige deutsche Idealismus« – vereint im »Drang, die irdische Wirklichkeit zu erforschen, zu erobern und auszubeuten«?

Die Dichtung wird im Postulat der realitätsfernen und geschichtslosen Ideenkonstellationen zum ideologischen Vehikel, dessen Aufgabe es ist, den harmonischen Schein eines einheitlichen Geistes einer Zeit vorzutäuschen, wo die Geschichte zerfallen ist in die Auseinandersetzungen konkurrierender Herrschaftsansprüche.

---

[78] Ermatinger, Die deutsche Literaturwissenschaft a. a. O. S. 10.

[79] Unger, Literaturgeschichte als Problemgeschichte a. a. O. S. 155.

[80] Eine Reihe dieser Lebensprobleme handelt dann Unger im folgenden ab; vgl. ebda. S. 155 ff. – Paul Böckmann registriert folgenden Katalog von Lebensproblemen, »wie sie Unger genannt hat, und womit er besonders glücklich auf die Art hinweist, wie das Geistige in der Dichtung zu fassen ist: als in die Gestalt gebanntes Leben. Geburt und Tod, Freude, Leid, Schönheit und Leidenschaft, Liebe, Einsamkeit, Sinnenlust und Geistesmacht, Herrschaft und Gehorsam, Komik und Ironie, Staat und Kirche, Natur und Geschichte und das wechselnde Maß der Verantwortlichkeit all diesem gegenüber stellt sich in der Dichtung in verschiedenster Zuordnung dar und fordert zur Durchdringung auf.« (Von den Aufgaben a. a. O. S. 458/459.)

XXX

Die Selbstverständlichkeit, mit der das »geistesgeschichtliche Konzept eines durchgehenden ›Zeitgeistes‹«[81] vertreten wird, verdeutlicht, wie wenig ins Bewußtsein seiner Verfechter die Problematik dieser Kategorie dringt, von der bereits Levin L. Schücking 1913 – ohne Resonanz freilich, wie übrigens auch, dies sei am Rande bemerkt, um den kontrapunktischen Stellenwert dieser Beiträge in der vorliegenden Anthologie zu kennzeichnen, die Aufsätze von Benjamin (II, 66 ff.) und Löwenthal (II, 72 ff.) – feststellt: »Wer mit offenen Augen in die Welt blickt, dem wird es aber auch nicht dunkel bleiben, daß es sich gelegentlich bei der Entstehung des Geschmacks nicht ausschließlich um einen Kampf der Ideen, sondern auch um eine Konkurrenz sehr realer Machtmittel handelt« (Schücking I, 102). Hier, wie auch dann in seinem 1923 erschienenen Buch »Soziologie der literarischen Geschmacksbildung«, analysiert Schücking eine Reihe von Faktoren und Abhängigkeiten, die seine These bekräftigen und die Abhängigkeit dieser Formel von den jeweils führenden Gesellschaftsgruppen bestätigen. »Offenbar hat man, wenn man heute vom Zeitgeist spricht, die mehr oder minder ˙enge Gedankengemeinschaft einer gewissen Gruppe im Auge, die man als führende Bildungsschicht betrachtet.«[82] Doch gerade die führende Bildungsschicht ist es, die von Schückings Erkenntnissen kaum Notiz nimmt. Die Literaturwissenschaft insbesondere verdrängt, daß Dichtung als »Träger von Ideen« auch und gerade mit Herrschaft und Machtausübung außerhalb ihrer ästhetischen Eigengesetzlichkeit zu tun hat. Die Ideengeschichte der Zwanziger Jahre weiß nichts mit der Feststellung anzufangen, daß es »gar keinen Zeitgeist (gibt), sondern [...] sozusagen eine ganze Reihe von Zeitgeistern«:[83]

> »Immer werden sich durchaus verschiedene Gruppen mit andersgerichteten Lebens- und Gesellschaftsidealen aussondern lassen. Zu welcher von diesen aber die jeweilig *vorherrschende Kunst* die nächsten Beziehungen hat, hängt von mancherlei Umständen ab und nur jemand, der in einem Wolkenkuckucksheim wohnt, wird dafür rein ideelle Faktoren verantwortlich machen.«[84]

---

81 Hermand, Synthetisches Interpretieren a. a. O. S. 101.
82 Levin L. Schücking, Soziologie der literarischen Geschmacksbildung. 3., neu bearbeitete Aufl. Bern 1961 (= Dalp-Taschenbücher 354). S. 12.
83 Schücking ebda. S. 13.
84 Schücking ebda. S. 12/13. (Hervorhebg. v. Hrsg.)

Die bisher erörterten Perspektiven und Positionen der Geschichte der deutschen Literaturwissenschaft verdeutlichen, wie sehr die Firmierung »Wolkenkuckucksheim« für das Selbstverständnis dieser Wissenschaft zutrifft. Schückings geradezu schüchterne Anmerkung über die »vorherrschende Kunst« erhellt noch einmal die ideologischen Mechanismen im Umfeld der Politik. Die von der Germanistik bereitgestellten Sozialisationsmuster erweisen sich in mannigfaltiger Weise als Einübung in die Führerideologie der Dichterfürsten, als dessen getreuer Vasall der Literaturforscher fungiert. Inhalte allein sind es dabei nicht, die den Ideologieverdacht bestätigen. Formale Muster, das hat sich weitgehend gezeigt, schlagen noch deutlicher die Brücke aus der »Realität« des poetischen Werks in das »Leben« des Lesers und Interpreten. Dies zeigt sich ganz besonders nachdrücklich am Komplex der Hermeneutik.

Untertanen-Hermeneutik

Diltheys Hermeneutik-Studie (Dilthey, Hermeneutik I, 55 ff.) kommt bei der Diskussion dieser Fragen natürlich ein besonderer Stellenwert zu. Die aktuelle Auseinandersetzung mit hermeneutischen Problemstellungen, ausgelöst vor allem durch Gadamers »Wahrheit und Methode«,[85] macht es erforderlich, auch hier einige Akzente zu setzen. Dabei muß allerdings noch einmal daran erinnert werden, daß es nicht beabsichtigt ist, in diesen einführenden Überlegungen alle möglichen Aspekte der in die Anthologie aufgenommenen Texte zu diskutieren. Zudem können auch die aufgegriffenen Fragen nur ansatzweise das Problem abstecken. Dem Charakter eines Arbeitsbuchs entspricht es aber, Thesen zu formulieren und Problemansätze anzuvisieren.

So kann es auch bei Diltheys Hermeneutik und der Rezeption seines Ansatzes in der geistesgeschichtlichen Betrachtungsweise etwa

[85] Hans-Georg Gadamer, Wahrheit und Methode. Grundzüge einer philosophischen Hermeneutik. Tübingen 1960. – Zur Hermeneutik-Diskussion vgl. neben Wellmer (= Anm. 99) und Habermas (= Anm. 101; und: ders., Erkenntnis und Interesse. Frankfurt a. M. 1968 (= Theorie 2), bes. S. 178 ff.) vor allem: Hermeneutik und Ideologiekritik. Mit Beiträgen von K.-O. Apel, C. v. Bormann, R. Bubner, H.-G. Gadamer, H. J. Giegel, J. Habermas. Frankfurt a. M. 1971. Zuletzt der Entwurf von Hans Jörg Sandkühler, Zur Begründung einer materialistischen Hermeneutik durch die materialistische Dialektik. In: Das Argument 77, 14. Jg., 1972. S. 977–1005.

Strichs oder Ungers sowie in der Staigerschen Kunst der »Auslegung« (Staiger II, 131) nicht primär um die historisch beschreibende Darstellung gehen. Vielmehr ist offenzulegen, welche Auswirkungen aus dem Blickwinkel der Ideologiekritik an der Haltung des »Verstehens«, als der zentralen hermeneutischen Kategorie, in Bezug auf das Verhalten des Interpreten gegenüber dem zu Interpretiernden, dem zu Verstehenden, konstatiert werden können. Die hier absichtlich unpräzise gehaltene Formulierung soll dabei aufmerksam machen, daß die These von der formalen Übertragbarkeit, an anderen Gegenstandsbereichen bereits ausprobiert, auch hier zugrunde gelegt werden kann: Die Disposition des Verstehens, eingelernt im Umgang mit Dichtung, erweitert sich zum Modell sozialer Interaktion, das, in literaturwissenschaftlich relevanter Kommunikation begründet, transponibel ist.

Hermeneutik als Verstehen von Überlieferung und als »Kunstlehre der Auslegung von Schriftdenkmalen« (Dilthey, Hermeneutik I, 59) kann unter der Voraussetzung von Konstanten wie Dichterautorität, uneingeschränktem Wahrheitsanspruch des schöpferischen Genies und Überzeitlichkeit von Ideen und Lebensproblemen kaum dazu taugen, eine Vermittlung von Vergangenheit und Gegenwart im Prozeß des Verstehens so herzustellen, wie das Gadamer im Modell der Gesprächssituation[86] beschreibt. Das »In-das-Gesprächkommen mit dem Text«[87] bleibt einseitig, wo nur die Exegese eines scheinbar objektiven Sinns angestrebt ist: »Alle Wahrheit ist im Wort des Dichters unvermittelt da«, postuliert Staiger (II, 128) als Begründung seiner Formel »Beschreiben statt erklären!« (Staiger II, 127). Doch der Interpret gibt sich und seinen aus der eigenen Geschichte abgeleiteten Anspruch gegenüber der Überlieferung völlig auf und erklärt sich selbst als unmündig in völliger Unterordnung unter die Autorität des Textes. Der Prozeß des Verstehens wird affirmativ, das Vorgegebene akzeptiert. Aus dem hermeneutischen Vorgang fällt der Interpret als Instanz der Reflexion heraus und es tritt ein, was Gadamer bereits kritisiert und als Funktion der Hermeneutik ablehnt, nämlich ein »Verfahren des Verstehens zu entwickeln«, statt »die Bedingungen aufzuklären, unter denen das Verstehen geschieht«:[88]

---

[86] Vgl. insbes. Gadamer ebda. S. 350 fff. und 360 fff.
[87] Gadamer ebda. S. 350.
[88] Gadamer ebda. S. 279.

»Diese Bedingungen sind aber durchaus alle von der Art eines ›Verfahrens‹ oder einer Methode, so daß man als der Verstehende sie von sich aus zur Anwendung zu bringen vermöchte – sie müssen vielmehr gegeben sein. Die Vorurteile und Vormeinungen, die das Bewußtsein des Interpreten besetzt halten, sind ihm als solche nicht zu freier Verfügung. Er ist nicht imstande, von sich aus vorgängig die produktiven Vorurteile, die das Verstehen ermöglichen, von denjenigen Vorurteilen zu scheiden, die das Verstehen verhindern und zu Mißverständnissen führen.«[89]

Gadamers kritische Position nähert sich in dieser Beschreibung unverkennbar dem eingangs dargelegten Ideologieverständnis dieser Untersuchung an. Und die Forderung, die »Bedingungen aufzuklären, unter denen das Verstehen geschieht«, ist, so verstanden, Bestandteil jener »Ideologieforschung«, die Leo Löwenthal 1932 vergebens und ungehört als »Aufgabe der Literaturgeschichte« umrissen hat, wobei es ihm vordringlich um die Entlarvung von ideologischen Bewußtseinsinhalten geht, die die Funktion haben, »die gesellschaftlichen Gegensätze zu vertuschen und an Stelle der Erkenntnis der sozialen Antagonismen den Schein der Harmonie zu setzen« (Löwenthal II, 83).

Die Rolle des »Verstehens« als Vehikel zur Einübung von gläubigem Untertanengeist wird deutlich, nimmt man die mehr oder minder verhüllten Verhaltensappelle in den literaturwissenschaftlichen Interpretationsprogrammen beim Wort: »Das *hingebende* strenge Studium unserer besten Schriftsteller wird stets im Mittelpunkt der Philologie stehen. *Nur wer gelernt hat, ›sich willig zu ergeben‹,* wird wissenschaftlich lesen können, und diese Kunst muß ernstlich gelehrt und gelernt werden«, heißt es bei Roethe.[89a] Viëtor betont dann 1933 besonders die Tugend der »Einordnung« als Kriterium für den politischen Menschen und sieht darin die besondere Leistung der Deutschwissenschaft (Viëtor II, 93).

Der »philologische Historiker« soll »sich und andere zu der willigen Ergebung erziehen, die ein Einfühlen und Einarbeiten bis zum Mitleben erreicht« (Roethe II, 16). Die mögliche Nutzanwendung der hermeneutischen Muster in der spezifischen Verengung

---

[89] Gadamer ebda. S. 279.
[89a] Gustav Roethe, Wege der deutschen Philologie. Rede zum Antritt des Rektorats 1923. In: Roethe, Deutsche Reden a. a. O. S. 446 (Hervorhebg. v. Hrsg.). – Das Zitat entstammt einem nicht in die Textauswahl aufgenommenen Abschnitt.

zu Intuition und kongenialem Nachempfinden bis zur Selbstaufgabe des interpretierenden Individuums gegenüber der Autorität von Dichter und Werk – nur von Dichter und Werk? – liegt auf der Hand. Als konsequent muß es deshalb erscheinen, wenn sich Paul Lorentz 1929 in seinem Lehrgespräch über »Führereigenschaften«[90] in diesem Sinne auf ein »Leitwort aus dem Faust«[91] stützt: »*Alles kann der Edle leisten, der versteht und rasch ergreift.*«[92] Bezeichnend auch, daß Modelle aus der Dichtung – es bleibt übrigens nicht nur bei dem Goethe-Beispiel – dazu dienen, eine »Reihe der wesentlichsten Führereigenschaften mit den Primanern«[93] zu besprechen – oder besser: zu »trainieren«.[94] So läßt sich freilich eine Antwort finden auf den »*Ruf nach dem Führer*«,[95] der »in den großen geistigen wie materiellen Nöten unseres Volkes ... immer lauter und eindringlicher (erschallt).«[96]

Hermeneutische »Kunst« und wissenschaftliches Verhalten erscheinen als wirksames ideologisches Instrumentarium: die »hingebende Liebe zur Arbeit« (Roethe II, 16), die »pflichtgemäße Zucht, die uns zum Dienst für das Ganze erzog und damit zu Herren unser selbst machte« (Roethe II, 16), sind nicht nur literaturwissenschaftliche Tugenden.

> »Die Wissenschaft ist ernst und schwer; sie verlangt Hingabe und Treue. Mit Schnellpressengeschwindigkeit, wie manche törichte Demagogen sichs einbilden oder es lärmend fordern, läßt sie sich niemandem beibringen, am wenigsten dem Unvorbereiteten. Die beliebte anregende interessante Vorlesung, wöchentlich einmal abends, hat mit Wissenschaft wenig zu tun. Dieser naht Ihr erst, liebe Kommilitonen, durch das eigne Mitringen, naht Ihr um so sicherer, je schärfer Ihr Euch einsetzt. Lernen ist nicht Spielen« (Roethe II, 17).

Die gleichen Thesen finden sich z. B. im Heft 17 der Zeitschrift »der arbeitgeber« vom 8. September 1972 in einem Beitrag über

---

[90] Paul Lorentz, Führereigenschaften. – Die vierfache Ehrfurcht. Gedankengänge zweier kulturphilosophischer Lehrgespräche. In: Zeitschrift für Deutschkunde 1929 (= Jg. 43 d. Zs. f. d. dten. Unterr.) S. 274–284.
[91] Lorentz ebda. S. 275.
[92] Faust II, V, 4664–4665.
[93] Lorentz a. a. O. S. 274.
[94] Lorentz ebda. S. 275.
[95] Lorentz ebda. S. 274.
[96] Lorentz ebda. S. 274.

den »Verfall des humanistischen Gymnasiums«.[97] Zufall? Goethe wird auch hier zum Kronzeugen aufgerufen:

> »Mit weisem Bedacht hat Goethe über Dichtung und Wahrheit als Motto das griechische Wort gesetzt: Der nicht geschundene Mensch wird nicht erzogen.«[98]

Bewußtseins-Industrie für Führungskräfte

Gadamers Forderung nach Aufklärung der Bedingungen, unter denen das Verstehen geschieht, hat, als kritischer Maßstab an die Literaturwissenschaft und ihre Interpretationsmechanismen herangetragen, deren ideologischen Stellenwert in eben der Nichterfüllung dieses Anspruchs verdeutlicht. Noch offensichtlicher wird das Versagen der deutschen Literaturwissenschaft, Aufklärung zu leisten, nimmt man die Kritik an Gadamers Position, wie sie etwa die Kritische Theorie vorgebracht hat, hinzu. Denn berücksichtigt man, »daß das ›Gespräch‹, das wir nach Gadamer ›sind‹, *auch* ein Gewaltzusammenhang und gerade darin *kein* Gespräch ist«,[99] so tritt die Ideologiegeschichte der deutschen Literaturwissenschaft von Scherer bis 1945 genau diesen Beweis an. Die Wahrheit des Dichters und die Exegese seiner Genialität in der dargelegten Weise sind Postulate, die ignorieren, daß der »Überlieferungszusammenhang als der Ort möglicher Wahrheit und faktischen Verständigtseins zugleich auch der Ort faktischer Unwahrheit und fortdauernder Gewalt ist«.[100] Erst dann, wenn »Philosophie im dialektischen Gang der Geschichte die Spuren der Gewalt entdeckt, die den immer wieder angestrengten Dialog verzerrt, und aus den Bahnen zwangloser Kommunikation immer wieder herausgedrängt hat, treibt sie den Prozeß, dessen Stillstellung sie sonst legitimiert, voran: den Fortgang der Menschengattung zur Mündigkeit.«[101]

---

[97] Alfred Zäch, Vom Verfall des humanistischen Gymnasiums (II). In: der arbeitgeber. Offizielles Organ der Bundesvereinigung der Deutschen Arbeitgeberverbände. 24. Jg., Nr. 17. 1972. S. 664–670.

[98] Zäch ebda. S. 669.

[99] Albrecht Wellmer, Empirisch-analytische und kritische Sozialwissenschaft. In: Kritische Gesellschaftstheorie und Positivismus. 3. Aufl. Frankfurt a. M. 1971 (= edition suhrkamp 335). S. 7–68: S. 48.

[100] Wellmer, ebda. S. 49.

[101] Jürgen Habermas, Erkenntnis und Interesse. In: Habermas, Technik und Wissenschaft als ›Ideologie‹ a. a. O. S. 146–168: S. 164.

Die Abschaffung von Mündigkeit als Ergebnis einer solchermaßen »verzerrten Kommunikation« rückt die Geschichte der Literaturwissenschaft in die Nähe eines Bereiches, den sie, als Arbeitsgegenstand, bis in die jüngste Vergangenheit weit von sich gewiesen hat: den der Trivialliteratur. Es ist zu bedenken, daß die Geschichte der Germanistik in engem Zusammenhang mit der Entwicklung der bürgerlichen Gesellschaft zu sehen ist und, von verschiedenen Ausgangspunkten aus wurde das sichtbar, zusammenhängt mit den politischen und ökonomischen Prozessen im 19. und 20. Jahrhundert. Der historisch-soziale Kontext ist derselbe, den Enzensberger auch für seine Thesen von der »Bewußtseins-Industrie«[102] voraussetzt. Der Funktionswechsel von den Poetiken früherer Jahrhunderte und ihren normenbildenden sowie -kontrollierenden Aufgaben hin zur Wissenschaft von der Dichtung[102a] muß auf dem Hintergrund nicht zuletzt auch der restaurativen Entwicklung der Geschichte des Bürgertums im 19. Jahrhundert gesehen werden. Die einst emanzipatorische Funktion des dichterischen Subjekts, das am Ende des 18. Jahrhunderts den höchsten Triumph in der Manifestation seiner Autonomie feiert und damit zugleich die Befreiung des bürgerlichen Individuums signalisiert, gerät in zunehmende Diskrepanz zu jenen Tendenzen, die die einst proklamierten Freiheiten und Rechte unter den nunmehr sich ergebenden neuen Zwängen der industriellen Entwicklung zurückzunehmen beginnen. Die Autonomie des Dichters und die damit vorhandene kritische Potenz läßt sich aber nicht mehr rückgängig machen. Sie

---

[102] Hans Magnus Enzensberger, Bewußtseins-Industrie. In: Enzensberger, Einzelheiten I. Bewußtseins-Industrie. 26.–35. Ts. Frankfurt a. M. 1966 (= edition suhrkamp 63) S. 7–17. – Vier Voraussetzungen nennt Enzensberger (vgl. S. 10–12): 1. Philosophisch: Aufklärung im weitesten Sinn; 2. Politisch: Proklamation (nicht die Verwirklichung) der Menschenrechte, insbesondere der Gleichheit und der Freiheit; 3. Ökonomisch: primäre Akkumulation; 4. Technologisch: Industrialisierung.

[102a] So bemerkt Dilthey in seinem Nachruf auf Scherer: »Waren wir in früheren Jahren beide durch literarhistorische Studien zu dem Problem geleitet worden, ob sich nicht die alte Aufgabe der Poetik mit den neuen Mitteln unserer Zeit besser lösen lasse,...« (Dilthey, Scherer I, 28). – Zur Funktion einer Poetik heute als »literaturwissenschaftliche Propädeutik, als Instrument für den *Interpreten*« vgl. Emil Staiger, Grundbegriffe der Poetik. Zürich 1946 (Zitat nach d. 5. Aufl. 1961, S. 12, Hervorhebg. v. Hrsg.).

kann allenfalls kompensiert werden. »Arbeitsteilung«, wie auch sonst überall, trennt Dichtung und Wissenschaft. Eine »gesetzgebende Aesthetik«[103] übernimmt die Definition dessen, was Dichtung sei und was sie bewirke und inwieweit sie ihrer »Hauptbestimmung . . ., eine der wichtigsten Grundlagen unserer Bildung überhaupt zu sein«,[104] gerecht zu werden habe. Die Autonomie des Dichters, jetzt für die Machtausübung des Bürgertums unbequem geworden – Burdach (I, 6): »das lauernde Gespenst der sozialen Revolution« –, kann damit in der Autonomie des ästhetischen Selbstzwecks neutralisiert werden. »In diesem Sumpfe ist«, wie Walter Benjamin anläßlich der von Emil Ermatinger 1930 herausgegebenen »Philosophie der Literaturwissenschaft« zornig feststellt, »die Hydra der Schulästhetik mit ihren sieben Köpfen: Schöpfertum, Einfühlung, Zeitentbundenheit, Nachschöpfung, Miterleben, Illusion und Kunstgenuß zu Hause« (Benjamin II, 69).

Vom historischen Hintergrund her ergeben sich also die ersten Berührungspunkte zwischen Literaturwissenschaft und Bewußtseins-Industrie. Beider Produkte sind »immateriell: Hergestellt und unter die Leute gebracht werden nicht Güter, sondern Meinungen, Urteile und Vorurteile, Bewußtseinsinhalte aller Art.«[104a] Die jeweilige ideologische *Funktion* ist gleich.

Die bereits diskutierten Kategorien[105] und Verstehensmuster der Literaturwissenschaft finden sich in ihrer Abstraktheit in den Inhalten von Trivialliteratur als einer zentralen Komponente der Bewußtseins-Industrie wieder.[106] Ungers »Frage nach dem ›Schicksal‹«[107] wird im Groschenroman zwar nicht beantwortet, spielt aber eine zentrale Rolle: ». . . die Aufgabe, die mir das Schicksal

---

103 Hermann Paul, Die Bedeutung der deutschen Philologie für das Leben der Gegenwart. München 1897. S. 16.
104 Paul ebda. S. 17.
104a Enzensberger, Bewußtseins-Industrie a. a. O. S. 13.
105 Vgl. u. a. Anm. 80 und den Abschnitt »Untertanen-Hermeneutik«.
106 Wolfgang R. Langenbucher, Der aktuelle Unterhaltungsroman. Beiträge zur Geschichte und Theorie der massenhaft verbreiteten Literatur. Bonn 1964. (Zitiert nach: Texte zur Trivialliteratur. Arbeitsmaterialien Deutsch. Stuttgart 1971.), nennt folgenden Katalog: Liebe, Reichtum, Schönheit, Sicherheit, Ruhm, Pflichterfüllung, Sehnsucht nach der Ferne (S. 57).
107 Unger, Literaturgeschichte als Problemgeschichte a. a. O. S. 155.

stellte, . . .«[108] Viëtor sieht die im »mythischen Bild des ›Dritten Reiches‹ beschworene Vision des neuen Deutschlands« in ihrer Verwirklichung abhängig davon, »was das Schicksal diesmal den Deutschen vergönnt« (Viëtor II, 89). Die Realitätsferne der Groschenliteratur korrespondiert mit dem »Leben des Geistes« und den »Ideen« als der Illusion eines sozialen Vakuums.

»Die Fragen der Wesensbestimmung machen es nötig, die individuelle Begrenzung herauszuarbeiten, innerhalb derer die *Begegnungen mit dem Schicksal* aufgesucht werden«,[109] ist als Aufgabe der geisteswissenschaftlichen Literaturbetrachtung formuliert. In der »Anweisung für die Schreiber von Romanheftchen« wiederum heißt es von den Hauptpersonen des Trivialromans: »Ihre Konflikte (Liebesproblem) entstehen durch Irrtum oder *Eingriff des Schicksals.*«[110]

Das Schicksal zu hinterfragen, erscheint als unmögliches und unnötiges Unterfangen: »Wozu soll man auch lange fragen? Man muß alles so nehmen, wie es ist. Und man muß sich vorstellen, daß es gar nicht besser und schöner sein könnte.««[111] Mit einem Wort von Ermatinger könnte man Irene Sommer aus dem Bastei-Arztroman beispringen und ihr Recht geben. Denn »Leben ist schöpferische Bewegung geistig-göttlicher Urkräfte. Die bestehende Welt ist als die beste mögliche von Gott geschaffen worden.«[112] Es könnte sein, daß es gerade deshalb mit Staiger genügt, für die Literaturwissenschaft zu proklamieren: »Beschreiben statt erklären!« (Staiger II, 127). Auch das Mädchen Ulrike aus dem Silviaroman des Bastei-Verlags muß sich damit bescheiden: »Es gab so vieles, was sie nicht verstand. Und es war sicher besser, nicht weiter darüber nachzudenken.«[113]

---

[108] Heide Heim, Das Geheimnis des Mädchens Ulrike, Bastei-Verlag o. J. (= Silvia Roman 1043) S. 52.

[109] Böckmann, Von den Aufgaben a. a. O. S. 458. (Hervorhebg. v. Hrsg.)

[110] Schöne Menschen, edle Züge. Anweisung für die Schreiber von Romanheftchen. In: Frankfurter Rundschau v. 22. 1. 1972 (Hervorhebg. v. Hrsg.)

[111] Ramona, Der Traum eines Arztes, Bastei-Verlag o. J. (= Arzt-Roman 267) S. 53.

[112] Ermatinger, Die deutsche Literaturwissenschaft in der geistigen Bewegung der Gegenwart a. a. O. S. 10.

[113] Heide Heim, Das Geheimnis des Mädchens Ulrike a. a. O. S. 49.

Treue, pflichtgemäße Zucht, hingebende Liebe zur Arbeit sind nicht nur für Roethe, wie oben dargelegt, wichtige Begriffe für die Einstellung des Wissenschaftlers, sie sind zentrale Verhaltenskategorien im Trivialroman.

Die angeführten Beispiele mögen genügen. Es ist hier nicht der geeignete Ort, das Belegmaterial weiter auszubreiten. Dies müßte in einer eigenen Problemstellung geschehen. Wichtig ist aber, daß in Ansätzen wenigstens auf Analogien aufmerksam gemacht wird, deren differenzierte Analyse weiter voranzutreiben wäre auf dem Hintergrund der Rolle der Literaturwissenschaft im Sozialisationsprozeß.[114]

So wenig hier nun behauptet wird, Literaturwissenschaft sei etwas Triviales, sei gar selbst nichts Besseres als Trivialliteratur – dies wäre wohl doch zu sehr auf bloße Inhalte verkürzt –, so ernst ist die Analogie im Funktionalen zu nehmen. Der von Enzensberger konstatierte gesellschaftliche Auftrag der Bewußtseins-Industrie, nämlich die »existierenden Herrschaftsverhältnisse, *gleich welcher Art sie sind,* zu verewigen«,[115] läßt sich hier wie dort beobachten. Bewußtseins-Industrie »soll Bewußtsein nur induzieren, um es auszubeuten«.[116] Der Unterschied zwischen Massenliteratur und Literaturwissenschaft liegt, so gesehen, lediglich im Quantitativen. Es ist klar, daß Literaturwissenschaft und die von ihr behandelte Dichtung nur wenige Intellektuelle erreichen, ihre Wirkung sich also in einem eng abgesteckten Rahmen bewegt. Doch handelt es sich eben dabei gerade um die sozialen Gruppen, deren

---

[114] Betrachtet man als konkreten Ort dieses Sozialisationsprozesses den Deutschunterricht (gerade auch in seiner historischen Genese und politischen Funktion) sowie die skizzierte Trennung von normativer Literaturwissenschaft und kritischer Dichtung im Verlaufe des 19. Jahrhunderts, so leuchtet Helmut Arntzens Forderung an den Literaturwissenschaftler ein, »in Forschung, Kritik und ihrer Vermittlung den literarischen Gegenstand so darzustellen, daß dadurch die große künstlerische Literatur als Regulativ des Deutschunterrichts begriffen werden kann, d. h. deren Prinzipien als leitende für alle Arbeitsbereiche des Deutschunterrichts sich erweisen.« (Helmut Arntzen, Der Streit um die Germanistik. In: Neue deutsche Hefte 127. Jg. 17. H. 3. S. 3–27: S. 19)

[115] Enzensberger, Bewußtseins-Industrie a. a. O. S. 13. (Hervorhebg. v. Hrsg.)

[116] Enzensberger ebda. S. 13.

XL

Aktivitäten – im Großen wie im Kleinen –, vielfach mit Führungsaufgaben in Staat und Gesellschaft verknüpft, wesentlich die Verhältnisse bestimmen. Somit handelt es sich im Falle der Literaturwissenschaft – und sie steht für andere, ähnliche Disziplinen[117] – nicht um Bewußtseins-Industrie für Massen, sondern, wenn man so will, um »Bewußtseins-Industrie für Führungskräfte«. Der Gang der Geschichte der deutschen Literaturwissenschaft von Scherer bis 1945 belegt dies unmißverständlich.

———

Nachsatz. Texte aus der Zeit des Dritten Reichs in eine wissenschaftsgeschichtliche Anthologie aufzunehmen, scheint heute, da aus zunehmender historischer Distanz die Aufarbeitung der Vergangenheit in vollem Gange ist, kaum problematisch. Der Herausgeber mußte sich in seiner optimistischen Einschätzung des historischen Objektivationsprozesses jedoch eines Besseren belehren lassen. Schwierigkeiten bei der Einholung von Abdruckgenehmigungen signalisieren, daß hier die Distanz wohl vielerorts noch nicht groß genug ist. Auch wo es sich um Dokumente von mehr neutral wissenschaftsgeschichtlichem denn nazistischem Informationswert handelte, mußte aufgrund komplexer Begründungszusammenhänge auf den Druck verzichtet werden. In Band 2 verschieben sich dadurch einige Akzente. Wegen der bereits weit fortgeschrittenen Herstellung (Umbruch) konnte auch kein Ersatz mehr eingefügt werden. Verständnis für die persönlichen Motive, auf die Rücksicht zu nehmen der Herausgeber sich verpflichtet sieht, verbindet sich mit Bedauern über die damit verbundene Einschränkung der historischen Wahrheit.

———

117 Dies wird in unseren Tagen ganz besonders deutlich am Aufschwung der Linguistik als einer Technologie der Kommunikation, deren sprachliche Elemente als »starre und nur reproduzierbare Formeln figurieren«, die Sprechakte zu beliebigen macht und »die im Rahmen des Systems gleichberechtigt, gleich-gültig nebeneinanderstehen, nur der Formalkritik aussetzbar, ob sie den Postulaten des semiotischen Systems besser oder schlechter entsprechen, was ein barbarischer Inhalt so gut wie ein humaner tun kann.« (Arntzen, Streit a. a. O. S. 20.) – Zur Kritik an der Linguistik als Herrschaftstechnik vgl. jetzt: Ludwig Jäger, Hans-Werner Scharf, Christian Stetter, On the Self-Goals of Linguistic Theory. Bemerkungen zu den Voraussetzungen und Konsequenzen wissenschaftlicher Arbeit am Beispiel der Linguistik. In: Konzeptionen linguistischer Grundkurse. Hrsg. v. Horst Sitta. Bebenhausen (Lothar Rotsch Verlag) 1972 (= Methoden und Modelle 1). S. 1–22.

An Karl Müllenhoff

[1868]

[...]

Was Jeder für sich wünschen und in bescheidener, aber gründlicher Überlegung zu seiner und zu des Ganzen Wohlfahrt anstreben darf, das wünschen und erstreben wir noch in viel höherem Masse für den menschlichen Verein, dem wir alles Grösste und Beste danken was wir besitzen und was unseren echtesten Werth ausmacht: für unsere Nation.

In der That können wir seit der Mitte des vorigen Jahrhunderts eine fortschreitende Bewegung beobachten, in welcher die Deutschen sich zur bewussten Erfüllung ihrer Bestimmung unter den Nationen zu erheben trachten. Seit Möser, Herder, Goethe nach dem Wesen deutscher Art und Kunst forschten, ist unserem Volke mit zunehmender Klarheit die Forderung der historischen Selbsterkenntniss aufgegangen. Poesie, Publicistik, Wissenschaft vereinigen sich, um an der sicheren Ausgestaltung eines festen nationalen Lebensplanes zu arbeiten. Die Poesie bemüht sich nationale Lebens- und Zeitbilder aufzurollen, bald diese bald jene socialen Schichten theils in Liebe theils in Hass uns abzuschildern und auf eigenthümliche Tüchtigkeit in verborgenem Dasein die phantasievolle Betrachtung zu lenken. Die Publicistik hat seit Fichte, Arndt, Jahn überall wo sie an ihre höchsten Aufgaben streifte, die Erfahrungen der Vergangenheit für die Gegenwart nutzbar zu machen gesucht. Und die Studien unserer alten Sprache, Poesie, Recht, Verfassung, Politik bewegte ein mächtiger Aufschwung. Niemand wird leugnen, dass im Gegensatze zu den alten Hauptstoffen der Kunst und Forschung, dem Christenthum und der Antike, seit etwa hundert Jahren das Deutsche, Einheimische, das irdisch Gegenwärtige und Praktische in stetigem Wachsthum zu immer ausschliessenderer Geltung hindurchgedrungen ist.

Warum sollte es nicht eine Wissenschaft geben, welche den Sinn dieser Bestrebungen, das was den innersten aufquellenden Lebenskern unserer neuesten Geschichte ausmacht, zu ihrem eigentlichen Gegenstande wählte, welche zugleich ganz universell und ganz momentan, ganz umfassend theoretisch und zugleich ganz praktisch, das kühne Unternehmen wagte, ein *System der nationalen*

Ethik aufzustellen, welches alle Ideale der Gegenwart in sich beschlösse und, indem es sie läuterte, indem es ihre Berechtigung und Möglichkeit untersuchte, uns ein herzerhebendes Gemälde der Zukunft mit vielfältigem Trost für manche Unvollkommenheiten der Gegenwart und manchen lastenden Schaden der Vergangenheit als untrüglichen Wegweiser des edelsten Wollens in die Seele pflanzte.

Der Verlauf einer ruhmvollen glänzenden Geschichte stünde uns zu Gebote, um ein Gesammtbild dessen was wir sind und bedeuten zu entwerfen: und auf diesem Inventar aller unserer Kräfte würde sich eine nationale Güter- und Pflichtenlehre aufbauen, woraus den Volksgenossen ihr Vaterland gleichsam in athmender Gestalt ebenso strenge heischend wie liebreich spendend entgegenträte.

Unentbehrlich aber wären dem der das Werk versuchte, festbegründete wissenschaftliche Ansichten von der Natur, Bildung, Stärke, Richtung, Wirkungsweise historischer Kräfte überhaupt.

Ob man die einheitliche, zusammenhängende Betrachtung dieses Gegenstandes mit Vico die Wissenschaft von der gemeinschaftlichen Natur der Völker, mit Neueren Völkerpsychologie oder passender Mechanik der Gesellschaft nennen will, ist ziemlich gleichgiltig. Allgemeine vergleichende Geschichtswissenschaft (im Verhältniss zur bisherigen Historiographie ungefähr das was Ritter aus der Geographie gemacht hat) würde dasselbe besagen: denn das Wesentliche dabei wird sein dass ein systematischer Kopf, mit ausgebreitetem Wissen bei allen Völkern, in allen Zeiten, auf allen menschlichen Lebensgebieten heimisch, seine Kenntnisse unter dem Gesichtspunct der Causalität zu ordnen unternähme.

Sie sehen, wie nach meiner Meinung die Aufgabe einer nationalen Ethik sich mit den höheren Anforderungen auf das innigste berührt, welche man seit einiger Zeit an die historische Wissenschaft zu stellen beginnt.

Wir sind es endlich müde, in der blossen gedankenlosen Anhäufung wohlgesichteten Materials den höchsten Triumph der Forschung zu erblicken. Vergebens dass uns geistreiche Subtilität einbilden will, es gebe eine eigene, geschichtlicher Betrachtung allein zustehende Methode, die »nicht erklärt, nicht entwickelt, sondern versteht«. Auch die verschiedenen, zum Theil tiefsinnigen Theorien, in denen das Stichwort der Ideen als der Stern über Bethlehem erscheint, haben für uns wenig Anziehungskraft. Was wir wollen, ist nichts absolut Neues, es ist durch die Entwicklung unserer Historiographie seit Möser, Herder, Goethe für Jeden der sehen will unzweifelhaft angedeutet. Goethe's Selbstbiographie als Causalerklärung der Genialität einerseits, die politische Ökonomie als Volkswirthschaftslehre nach historisch-physiologischer Methode andererseits zeichnen die Richtung vor, die wir für den ganzen Umfang der Weltgeschichte einzuhalten streben. Denn wir glauben mit Buckle dass der Determinismus, das demokratische Dogma vom unfreien Willen, diese Centrallehre des Protestantismus, der Eckstein aller wahren Erfassung der Geschichte sei. Wir glauben mit Buckle dass die Ziele der historischen Wissenschaft mit denen der Naturwissenschaft insofern wesentlich verwandt seien, als wir die Erkenntniss der Geistesmächte suchen um sie zu beherrschen, wie mit Hilfe der Naturwissenschaften die physischen Kräfte in menschlichen Dienst gezwungen werden. Wir sind nicht zufrieden, den zuckenden Strahl zu bewundern, wie er aus des Gottes Faust fährt, sondern es verlangt uns einzudringen in die Tiefen der Berge, wo Vulcan und seine Cyklopen die Blitze schmieden, und wir wollen dass ihre kunstreiche Hand fortan die Menschen, wie einst den Thetissohn, bewaffne.

[...]

Konrad Burdach

Über deutsche Erziehung

[1886]

Man hat den Pädagogen oft mit einem Arzt verglichen, und der Vergleich hat seine Wahrheit. Beider Wirken ist mehr eine Kunst als eine Wissenschaft, bei jenem wie bei diesem liegt der Schwerpunkt seiner Tätigkeit in den vorbeugenden Maßregeln. Und wie es keine allgemein gültige Diätetik gibt, so auch keine allgemein richtige Pädagogik: auf die individuelle Konstitution kommt es dort, auf den Zustand des Volkslebens hier an. Die Einrichtung der Schule kann demgemäß nie nach einer allezeit gleich bleibenden Norm, nach einem unwandelbaren Ideal geregelt werden: wer das erstrebt, baut sein Haus in Wolken statt auf der Erde.

Die Schule muß sich vielmehr stets den jeweiligen Bedürfnissen ihres Zeitalters anpassen, freilich nicht in dem Sinne, daß sie jedem unverständigen Begehren der praktischen oder wissenschaftlichen Agitation, jeder neuen, von Schreiern und Strebern in die Welt gesetzten Forderung, jeder durch Reklame verbreiteten Phrase nachgibt. Die wahren Bedürfnisse der Nation auf dem Gebiet des Unterrichts lassen sich nicht finden durch Summierung aller von einzelnen erhobenen Ansprüche, d. h. im Grunde aller persönlichen Liebhabereien, und verfehlt ist es, weil eine Partei nach Mathematik verlangt, diese, weil eine andere größere naturwissenschaftliche Kenntnisse wünscht, Physik und Chemie einzuführen, daneben auch noch den Verehrern der »neueren Sprachen« durch Verstärkung des französischen und englischen Unterrichts, den Freunden der Erdkunde durch Vermehrung der Geographiestunden und schließlich wohl gar den Politikern durch Einsetzung eines staatsrechtlichen und nationalökonomischen Kursus zu willfahren. Warum sollten die Astronomen und Geologen nicht auch die Anfangsgründe ihrer Wissenschaft, warum die Mediziner nicht auch die Elemente der Anatomie und Physiologie, warum die Juristen nicht die Grundzüge der dogmatischen Rechtswissenschaft zu Lehrgegenständen des Gymnasiums machen wollen? All das sind doch ohne Frage nützliche und geistig bildende Dinge! Auf diesem Wege gibt es kein Stillstehn, er führt immer weiter, ins Endlose.

Leider hat die preußische Unterrichtsverwaltung diesen Weg betreten: sie glaubte durch Konzessionen an verschiedene Parteien aus der Verwirrung herauszukommen und hat das Gymnasialwesen erst recht verfahren.

Die allgemeine, nicht mehr wegzuleugnende Unzufriedenheit mit dem Erfolge der gymnasialen Erziehung hat ihren *letzten* Grund nicht in der Überbürdung noch in der übertrieben langen Dauer des Unterrichts, sondern darin, daß man fühlt, wie *gering* bei alledem der *bleibende* Gewinn dieses Unterrichts für das *innere, sittliche Leben der Nation* ist.

Positive Kenntnisse, die späterhin im Leben praktisch brauchbar sind, werden wenige erworben: das kann ich für kein Unglück halten. Die *formale* Bildung kommt sicherlich nicht zu kurz: Grammatik der beiden klassischen Sprachen, lateinische und griechische Skripta, Aufsätze im Jargon Ciceros, ferner Mathematik und philosophische Propädeutik sorgen mehr als reichlich dafür. Auch eine *ästhetische* Bildung, sollte man meinen, müßte erzielt werden: die Lektüre so vieler künstlerisch vollendeter, teils genialer teils wenigstens interessanter Schöpfungen des Altertums müßte doch den Geschmack, den Sinn für das Schöne, Takt und Gewandtheit der gesellschaftlichen Formen entwickeln und steigern. Ob das geschieht, wage ich weder zu bejahen noch zu verneinen. Sicherlich geschieht es lange nicht in dem Maße, als es geschehen müßte, wenn man die massenhafte, allein auf diesen einen Zweck jahrelang verwendete Zeit als belohnt ansehen soll.

Wie steht es aber mit der eigentlich »humanen«, mit der Ausbildung der *ethischen* Seite, des *Charakters* und des *Gemütslebens*? Das klassische Altertum hat ja so große Persönlichkeiten, so bedeutende Charaktere hervorgebracht, es ist so reich an tiefen und edlen Naturen, so reich an den lieblichsten wie den gewaltigsten Kunstwerken: all das müßte doch auch Herz und Gemüt und Willen des heranwachsenden Jünglings entzünden, ihn begeistern für die Herrlichkeit der Antike und auch im späteren Leben ihn immer wieder zu ihr zurückführen, als der unversiegbaren Quelle der Erquickung und Stärkung für das Wirken im Dienste des eigenen Vaterlandes.

So sollte es sein. Ist es so? Ich denke, wir müssen leider nein antworten. Das *Herz* des heutigen Gymnasiasten bleibt in der Regel die langen Jahre seiner Schulzeit hindurch von der antiken Hoheit ungerührt. Mit dem Gymnasium lassen heute alle Nichtphilologen das Altertum für immer hinter sich, die meisten denken nur selten und dann mit einem gewissen Grauen an die Zeit zurück, da sie mit Latein und Griechisch sich plagen und vor Bildnissen anbetend niederfallen mußten, die ihrer Seele fremd und gleichgültig blieben. Was füllt nun diese Lücke aus, die das Gymnasium in der Ausbildung des inneren Menschen läßt? Der Religionsunterricht? Ach nein! Die Zeiten, wo Gerhardt voll kindlichen Gottvertrauens seine geistlichen Volkslieder sang, die Zeiten der sentimentalen Frömmigkeit des 18. Jahrhunderts und nicht minder die Zeit des resoluten, ein wenig hausbackenen Christentums unserer Großeltern sind längst geschwunden.

Es bleibt also dabei: der gegenwärtige Gymnasialunterricht bildet wohl Verstand und Urteil, bildet Kritik und vielleicht auch Geschmack, erweitert den geistigen Gesichtskreis, steigert die Aufnahmefähigkeit von Eindrücken, regt die gesamte Denktätigkeit an, aber läßt – in den meisten Fällen – die andere Hälfte des Menschen, die seelische, gemütliche, sittliche oder wie man sie nenne, unberührt und unentfaltet.

Und nun rufe man sich ins Gedächtnis die immer gesteigerten Klagen über die Zerfahrenheit und Verwilderung unserer Zeit, über den Rückgang der Sittlichkeit und des Idealismus, über die Abnahme der ästhetischen Interessen, über das Schwinden der Begeisterungsfähigkeit, über unsere blasierte, weltkluge Jugend, über den Mangel an Ehrfurcht und Pietät, über die Roheit des Herzens, alles gerade in den »gebildeten« Kreisen, und demgegenüber zwar im Dunkel der Zukunft, aber vielleicht doch näher, als wir ahnen, das lauernde Gespenst der sozialen Revolution.

Vor ein paar Jahren hat der Reichskanzler einmal geäußert, nach der politischen Einigung und Festigung Deutschlands müßten jetzt alle Patrioten an unserer »inneren nationalen Wiedergeburt« arbeiten.

Der Schule, die über allen Parteien steht, fällt dabei die Hauptaufgabe zu; denn wirksamer als Zölle und wirtschaftliche Reformen dürften sich dabei wohl Reformen der Menschen erweisen, die einzig die Schule durchsetzen könnte. Die Reform kann aber nur von oben anfangen, und deshalb muß das Gymnasium vorangehen.

Das Gymnasium *entbehrt* augenblicklich des *lebendigen, Wärme ausstrahlenden Mittelpunkts.* Der klassische Unterricht war einst dieser Mittelpunkt, aber die Zeiten, da Winckelmann und Goethe lieber Hellenen sein mochten als Deutsche, da Hölderlin durch den Zwiespalt, ein Deutscher zu sein und Grieche sein zu wollen, wahnsinnig wurde, sind vorüber. Eine Persönlichkeit wie K. Lehrs, der sich unter dem nordischen Himmel und zwischen den häßlichen Ostpreußen so unglücklich fühlte (vgl. seinen Briefwechsel mit Herrn v. Farenheid), obwohl er selbst einer der häßlichsten war, ist vielleicht der letzte Apostel der Griechenschwärmerei gewesen, der letzte *Romantiker* des Hellenismus, und auch er schon stand einsam da und fühlte das. Der Kultus des Griechentums kann uns nicht mehr *Religion* sein, wie er es ihm, wie er es Schiller war, als er die Götter Griechenlands dichtete. Vergeblich müht man sich, diesen Geist in unserem Gymnasium am Leben zu erhalten. Was bei Lehrs und seinen Sinnesgenossen schöner Enthusiasmus einer genialen Natur war, wird, wo unsere Schulmänner es nachäffen, philisterhafte Affektation, der hohe Glaube jener großen Seelen wird in der Praxis verzerrt zu dem trivialen Dogma eines schalen Verstandes, das unwahr ist, weil ihm der lebendige Halt einer alldurchdringenden Begeisterung mangelt.

Das Altertum kann uns in Wahrheit heute nicht mehr die ideale Welt voll göttlicher, fleckenloser Schönheit sein, wo allein die Sonne golden scheint und allein alle menschliche Unvollkommenheit und Bedürftigkeit aufgelöst ist in reine Harmonie: es ist uns, die wir so viel *geschichtlicher* geworden sind als das 18. Jahrhundert, eine eigentümliche Erscheinung in der allgemeinen menschlichen Entwicklung wie jede andere, erwachsen unter bestimmten individuellen, so niemals wiederkehrenden Verhältnissen, herrlich und groß zwar, aber nicht schlechthin Vorbild, weil wir gelernt haben, daß nur die *naturgemäße Ausbildung der eigenen Anlagen,* niemals aber die künstliche Nachahmung fremder, noch so vollkommener Leistungen, die auf anderem Boden, unter anderem Himmel gewachsen sind, die Gewähr bietet für Gesundheit und dauerndes Leben einer Nation. Wir wissen, ein ewiges Ideal ist nie und nirgends in die geschichtliche Erscheinung getreten, auch nicht in dem Volke der alten Hellenen; wir suchen nicht das Absolute, wir sind überzeugte Relativisten, d. h. wir erkennen, daß alle Größe verhältnismäßig und individuell ist, daß sie beruht auf der natürlichen und harmonischen Entfaltung angeborener und durch Bildung beeinflußter, individueller Kräfte. Wir sind der kindlichen Meinung ledig, die nach der Schulstube riecht, als sei durch Nachahmung fremder Größe die eigene zu erzeugen: wir achten *das Geheimnis der Individualität, ihre unendliche Vielheit und ihre Unnachahmlichkeit, als das unverbrüchliche Grundgesetz aller Entwicklung.* Wir haben unseren Blick gereinigt von der Trübung, die ihm die Leidenschaft der Liebe und des Hasses bereitet: wir beten nicht mehr das Mittelalter an als das verlorene goldene Zeitalter und wollen es nicht wieder zurückrufen, wie jene Richtung aus dem Anfange unseres Jahrhunderts wollte, die κατ᾽ ἐξοχήν die »romantische« heißt, aber wir kehren uns auch von der Anschauung ab, die ich die »Romantik des Hellenismus« nenne, wonach das Altertum ewiges Ideal und Muster für das moderne Leben bleiben und in ihm wiedergeboren werden soll.

Diese *Romantik des Hellenismus* ist nicht mehr lebensfähig. Das Unglück des Gymnasiums aber ist, daß sie in ihm noch als galvanisierte Leiche sich aufhält und die frische Luft für unbefangene, freie Hingabe an *alles* Schöne und Große, wo es immer die liebe Gotteswelt hervorgebracht hat, verdirbt.

Der Widerwille der meisten Schüler gegen die auf der Schule behandelten klassischen Schriftsteller ist zum großen Teil ein natürlicher Rückschlag gegen die dort gepflegte übertriebene Bewunderung. Die Jugend gerade hat für jede Unwahrheit ein feines Gefühl: wo sie diese spürt, wendet sie sich leicht mit instinktiver Abneigung weg und wird für Schönheiten unempfänglich, die, gerecht und unbefangen gewürdigt, ihr wohl sympathisch sein würden.

Stimme ich also schließlich der Meinung zu, die Paulsen neulich in seinem geistvollen Buche ›Geschichte des gelehrten Unterrichts‹ ausgesprochen hat? Suche auch ich die Rettung des Gymnasiums nur in der Beseitigung des klassischen Unterrichts?

Keineswegs. Die Lektüre der hellenischen Meisterwerke in der Ursprache, daneben einiger lateinischer Schriftsteller, den grammatischen Unterricht in der griechischen sowie den aus mehr äußeren Gründen unentbehrlichen in der lateinischen Sprache wird das Gymnasium, soll es nicht zu einer Schule von Banausen für Banausen herabsinken, niemals missen können. Aber das Rückgrat des gymnasialen Unterrichts werden diese Studien nicht mehr lange bleiben. Die lateinische Trainierschule ist dank den Bemühungen von Männern wie Wolf, Voß, Wilhelm v. Humboldt in die griechische Idealschule gewandelt worden. Jetzt, da wir aus einem literarisch-ästhetischen ein handelndes, aus einem rückwärts gewandten ein vorwärts schreitendes Volk, da wir eine *Nation* geworden sind, muß das Ziel sein: das *nationale Gymnasium*.

In diesem Gymnasium der Zukunft wird der deutsche Unterricht nicht mehr das verachtete Aschenbrödel sein, sondern er wird neben dem griechischen und lateinischen einen ebenbürtigen Rang behaupten. Und in diesem deutschen Unterricht, dessen Ziel freilich nicht formale Bildung sein kann, wird auch das deutsche Altertum begriffen sein. Dann erweist sich vielleicht auch der Umstand als ein Segen, daß gegenwärtig durch den neuen Lehrplan von 1882 das Mittelhochdeutsche aus den preußischen Gymnasien ausgeschlossen ist. Die jetzige Art seines Betriebes war doch vielleicht noch nicht die rechte, und auf der schmalen Basis des einjährigen Kursus mit zwei wöchentlichen Stunden konnte der altdeutsche Unterricht niemals gedeihen. Um so stärker wird einst die Reaktion sein gegen die in seiner Beseitigung sich kundgebende Einseitigkeit und Kurzsichtigkeit.

Gewaltakte pflegen nicht lange vorhaltende Zustände zu schaffen, und der neue Lehrplan, soweit er den deutschen Unterricht trifft, ist nicht viel mehr als ein bureaukratischer Gewaltakt. Wenigstens eine Enquete oder etwas dem Ähnliches ist ihm meines Wissens nicht vorhergegangen, Autoritäten oder Fachleute scheinen nicht um ihre Meinung befragt worden zu sein und *sachliche* Gründe sind gegen das Mittelhochdeutsche auf der Schule nirgends vorgebracht worden — am wenigsten in dem beinahe fanatischen Aufsatze von Wilmanns in der Zeitschr. für das Gymnasialwesen von 1875 (S. 31 ff.) —, höchstens einige Einwendungen und Bedenken aus Opportunitätsrücksichten. Unter den Schulmännern mehren sich die Stimmen, welche die Wiedereinführung des Mittelhochdeutschen empfehlen. Vor allem ist dafür ein lebendiges Zeugnis die Annahme der Stierschen Thesen seitens der pädagogischen Sektion der letzten Philologenversammlung in Dessau (vgl. den Bericht in der Zeitschr. für das Gymnasialwesen Bd. 39 (1885) S. 201 ff.). Auch Äußerungen so erfahrener Pädagogen wie Oscar Jäger[1] und Eckstein fallen schwer ins Gewicht.

---

[1] Folgende Worte dieses hochverdienten Mannes, dem wohl niemand reiche Sachkenntnis und Liebe zum klassischen Altertum absprechen wird, mögen hier einen Platz finden: »Das ist doch das unwissenschaftlichste von allem, daß Gymnasialschüler, welche den Homer im Urtexte lesen, vom Nibelungenlied nur eine quidproquo, eine Übersetzzung kennen lernen. *Dies ist ein*, sagen wir nur gerade heraus, *ganz unerträglicher Gedanke, und wir glauben nicht, daß eine Regierung in Deutschland mächtig genug ist, es durchzuführen.* Ist es denkbar, daß unsere Gymnasialschüler, welche den christlichen Adel deutscher Nation zu bilden bestimmt sind — daß unsere künftigen Theologen, Ärzte, Richter, Lehrer usw. ihre eigene Sprache nur in ihrer gegenwärtigen Ausprägung kennen sollen? Und zu Übersetzungen greifen müssen, um eine ungefähre Vorstellung von der Eigentümlichkeit der Literatur des 13. Jahrhunderts zu gewinnen? ... Im übrigen ist zwischen Wissenschaft und Wissenschaft ein Unterschied: es gibt Fächer, wo die Wissenschaft zwar nicht an der Schwelle zurückbleiben soll, — denn Wissenschaft ist ja identisch mit Wahrhaftigkeit, Aufrichtigkeit, Ehrlichkeit, und diese soll überall mit dabei sein —, wo sie aber allerdings eine ganz andere Gestalt hat als im Lateinischen, Griechischen, der Mathematik, — die Religion meinen wir und das Deutsche« (Bemerkungen zu den neuen Lehrplänen in den Jahrbüchern für Philologie und Pädagogik Bd. 126 S. 399); vgl. auch Jäger, Aus der Praxis, Wiesbaden 1883, S. 83 f.

Wir haben keinen Grund, durch lebhafte Agitation oder leidenschaftliche Forderungen die Entwicklung gewaltsam zu beschleunigen. Uns treibt ja nicht »Überschwang des Gefühls«, nicht »unklare Empfindung«, auch keine »persönliche Liebhaberei«, wie Gegner des altdeutschen Schulunterrichts gern glauben machen. Wir können ruhig warten, bis die allgemeine Meinung der Urteilsfähigen gesprochen hat, bis an entscheidender Stelle die unvermeidliche Erkenntnis gewonnen ist, daß die *Hypertrophie des Intellekts,* an der unser Volk leidet, nicht durch Physik und Mathematik geheilt werden kann, daß die sich bereits ankündigende *Atrophie* des *sittlichen Willens* und des *Gemütes* eine von Grund aus andere Therapie erfordert, als sie das alte Gymnasium bietet.

Denn wer zu Goethe steht und von ihm gelernt hat, daß die Ausbildung der eigenen Persönlichkeit für den einzelnen Menschen wie für ein Volk das wahre Heil ist, wem es an den Griechen aufgegangen ist, daß sie deshalb so groß geworden sind, weil sie sein durften und wollten, was sie waren, der wird die *geschichtliche Selbsterkenntnis,* welche den eigentlichen Inhalt der gesamten deutschen Geistesbewegung seit der Reformation ausmacht, als die Bedingung einer nationalen Kultur unseres Volkes erkennen und einsehen, daß die höhere Schule sich auf die Dauer der Pflicht nicht entziehen kann, die Hüterin und Pflegerin derjenigen Mächte zu sein, durch die unser Vaterland wieder emporgekommen ist und die es einzig in seiner Kraft, mitten zwischen fremden feindlichen Nationen, gegen die Gewalt nivellierender internationaler Strömungen erhalten können. Auch in Frankreich, das sich von seinem tiefen Fall aufzurichten sucht, indem es die angeborenen Kräfte sammelt und regeneriert, hat die Schule ihren nationalen Beruf erkannt: dort wird seit einigen Jahren auf den Gymnasien die altfranzösische Sprache und Literatur gelehrt, und im Lande des akademischen Zopfs und des Naturalismus, im Lande Voltaires und der großen Atheisten lesen jetzt die Sekundaner das alte Rolandslied! Fast könnte es daher scheinen, als bedürften die modernen Völker erst eines nationalen Unglücks, um sich auf den Weg der nationalen Erziehung weisen zu lassen, und wäre auch uns ein zweites Jena nötig, ehe wir Einkehr in uns selbst hielten. Wer will es sagen? Hoffen wir, daß ohne solche Prüfungen die deutsche Schule jene neue, längst vorbereitete Grundlage gewinne, daß sie unter freundlichem Himmel eine Lehrerin der *nationalen Ethik* werde.

Dann, wenn der seit den Tagen Mösers, Herders, Goethes, Arndts, Fichtes, Uhlands und Grimms stetig emporsteigende Schatz eines nationalen Charakters soweit in die Höhe gerückt ist, daß zu rechter Stunde die rechten Kräfte ihn heben können: dann wird man uns rufen, dann seien wir zur Stelle lauteren Herzens und mit reinen Händen, dann mögen alle wissenschaftlichen Gegensätze schweigen, dann wird es an uns sein zu zeigen, ob wir es verstehen, die Erträge der Vergangenheit unseres Volkes für seine Zukunft nutzbar zu machen.

Wilhelm Dilthey

Wilhelm Scherer zum persönlichen Gedächtnis
[1886]

Im Mittag des Lebens, da er die Früchte ungemeiner Anstrengungen rings um sich reifen sah, ist Wilhelm Scherer dahingegangen. Über das, was er geleistet hat und was an diesen Leistungen Dauer haben wird, steht das Urtheil bei den Fachgenossen und schließlich bei der Entwicklung seiner Wissenschaft. Über ihn selber können nur seine Freunde sprechen. Und so lange noch der Athem unmittelbaren Lebens von ihm da ist, so lange dieser lebenswarme Hauch seines Wesens uns noch in seinem stillen Bücherzimmer im kleinen Hause der Lessingstraße anzuwehen scheint: möchte man dies Leben im Bilde festhalten, wie es gewesen ist. Nicht sein äußeres Dasein; wer könnte jetzt andere als todte biographische Data mittheilen? Aber aus der Ganzheit unseres Wesens stammt, was wir Ganzes und Lebendiges zu leisten vermögen: hiervon möchten diese Zeilen so viel wenigstens erblicken lassen, als ein Freund sehen konnte, dessen Arbeitsgebiet sich mit dem Scherer's nur eben berührte.

Kein Geschlecht von Forschern hat mit einer härteren Aufgabe zu ringen gehabt, als die Vertreter der Geisteswissenschaften in unseren Tagen. Wir wissen es alle, es gibt keinen andern Weg zu gediegener Erkenntniß als den der Erfahrung, der Beobachtung, des Versuchs. Diesen Weg sind vor uns die Naturwissenschaften gegangen. Sie haben seit den Tagen des Galilei der Erfahrung mit den Hilfsmitteln der Mathematik Satz auf Satz abgewonnen. Täglich breitet sich das so begründete Reich weiter aus. In sicherer Ruhe, in den weiten Räumen ihrer Laboratorien und Institute, umgeben von ihren Assistenten, ausgerüstet mit großen Staatsmitteln arbeiten heute die Naturforscher. Und was auch die Gesellschaft ihnen gewähre, sie geben derselben unvergleichlich mehr zurück: die anwachsende Herrschaft des Menschen über die Natur, das *regnum hominis* oder die königliche Macht der Menschen über die Erde, wie Baco es ausdrückte. Die Geisteswissenschaften arbeiten heute nach derselben Methode der Erfahrung. Ihre Bedeutung für das Leben unterlag großen Schwankungen; heute ist sie in mächtigem Aufsteigen begriffen und nicht geringer als die der Naturwissenschaften. Denn in derselben Zeit, in welcher der naturwissenschaftliche und industrielle Geist die Erdkugel umspannt und die Gewalten der Natur in den Dienst menschlicher Zwecke gezwungen hat, – und nicht nur in derselben Zeit, sondern eben im Zusammenhang mit der Ausdehnung der wirthschaftlichen Beziehungen über den Erdball und mit der Entfaltung der Industrie, beginnen die dunklen Kräfte der Menschennatur die europäische Gesellschaft zu schrecken. Und die socialen, religiösen, pädagogischen Aufgaben, welche hier gebieterisch eine Lösung heischen, können nur durch Erkenntniß der Ursachen aufgelöst werden. Nur soweit wir die Gesetze erkennen, nach welchen diese Ursachen Wirkungen hervorbringen, vermögen wir die für die Förderung der Gesellschaft erforderlichen Wirkungen zweckmäßig herbeizuführen und die Schäden des gesellschaftlichen Körpers mit einsichtiger Hand zu heilen. So geht durch die Gesellschaft unserer Tage ein Gefühl, daß sie diese Fragen durch die Macht des wissenschaftlichen Gedankens und der darauf gegründeten praktischen Genialität lösen muß – oder sie stürzt in den Abgrund kulturfeindlicher Zerstörung. Es geht zugleich durch die Menschen unserer Tage das Gefühl, daß die Idealität des Lebens erhalten werden muß, sollen nicht die Triebfedern der hingebenden Arbeit am Staat und der Menschheit erlahmen und Privatinteresse allein übrig bleiben, – ja soll das Leben überhaupt lebenswert sein; diese Idealität des Lebens aber ist an eine gerechte Würdigung der geistigen Thatsachen gebunden, der Sittlichkeit, Religion und Kunst, die dem Einzeldasein Bedeutung geben, der nationalen Lebenseinheit, die es beherrscht. Das Alles empfinden wir heute. Es treibt zu den äußersten Anstrengungen auf dem Gebiete der Geisteswissenschaften an. Aber welche Schwierigkeiten umgeben auf demselben den Arbeiter! Mathematik nur in den Außenwerken seiner Wissenschaft verwendbar. Das Experiment nur in enge Grenzen eingeschlossen. Das persönliche Erlebniß ist ihm schließlich Unterlage: durch dieses allein versteht er ja die lebendigen Kräfte der Gesellschaft und der Geschichte. Wohl ist dasselbe die tiefreichendste aller Erfahrungen. Aber kann es zur Allgemeingültigkeit erhoben werden? Kann von ihm aus eine Wissenschaft der menschlichen Gesellschaft in dem Verstande, in welchem es eine Naturwissenschaft gibt, eine allgemeingültige Erkenntniß der Ursachen, eine allgemeingültige Erklärung der Erscheinungen aus diesen Ursachen gewonnen werden? Noch besteht eine solche Wissenschaft nicht, und der Streit dauert fort, ob sie möglich sei.

Das ist nun das Heldenmüthige in Scherer's Wesen gewesen, das hat ihm den Zauber und die zündende Gewalt mitgetheilt, durch welche er die Jugend zumal ergriff: er war aus der Schule strenger Philologie hergekommen, er beherrschte alle ihre Hilfsmittel, und da er nun die eben geschilderte Lage durchaus zu fühlen und zu verstehen vermochte, hat er die Germanistik, das Studium deutscher Sprache und Poesie in den Zusammenhang einer solchen universalen und ganz modernen Aufgabe gestellt.

Ich will nicht sagen, daß er der Fassung dieser universalen Aufgabe ganz beigestimmt hätte, wie ich sie hier ausspreche; aber das Bewußtsein derselben in irgend einer Form war zu jeder Zeit seines Lebens die treibende Kraft, von welcher alle seine Arbeit Energie und Richtung empfing. Insbesondere war die nationale Lebenseinheit, wie sie der Träger alles geschichtlichen Lebens ist, der Mittelpunkt seiner Arbeiten. Und zwar trat er sodann ganz auf die Seite Derer, welche die Frage nach der Möglichkeit einer nur empirisch begründeten allgemeingültigen Geisteswissenschaft bejahten und diese Wissenschaft möglichst analog der Naturwissenschaft gestalten wollten. Vor ihm lag der sichere und gebahnte Weg zum Gelehrtenruhm, den die Berliner Schule der Germanistik geebnet hatte. Er hat lieber bergeinwärts auf ungebahnten Pfaden vorandringen wollen. Mit rücksichtsloser Einsetzung seiner großen Kräfte und eines eisernen Willens hat er die aus einer solchen modernen und universalen Betrachtungsweise sich ergebenden Probleme, welche eine große Ausbreitung der Studien und ganz neue Mittel der Behandlung forderten, aufzulösen versucht. Grammatische Probleme, Probleme der deutschen Literaturgeschichte, Probleme vergleichenden Studiums der Dichtung überhaupt. Das *in magnis voluisse sat est* war ihm dabei immer gegenwärtig. Wohl ließ er im Einzelnen nichts in sich stehen, das ihm nicht den strengsten Anforderungen an Genauigkeit zu entsprechen schien. In dieser Treue im Kleinen war er ein Schüler der germanistischen Philologie, der Lachmann, Haupt und Müllenhoff. Aber wenn er nun mit allen Hilfsmitteln treuer Genauigkeit so universale Fragen zu lösen suchte, wie der innere Causalzusammenhang unserer deutschen Dichtung oder die Bildungsgesetze der dichterischen Formen es sind, so konnte er dabei der Hypothesen so wenig entrathen, als die Naturwissenschaft es bei ähnlichen Aufgaben kann; er wußte das und er vertheidigte gern das Recht des Geistes, durch Hypothesenbildung einen Causalzusammenhang herzustellen; er kannte auch so gut als irgend einer derer, die ihn tadelten, den provisorischen Werth solcher Hypothesen und mußte darauf gefaßt sein, daß eine nahe Zukunft dieselben durch andere ersetze; er kannte die Gefahren, welche die Benutzung von Hypothesen begleiten. Dazu rang er mit einer Schwierigkeit, mit welcher Menschen seiner Art und seines Zuschnittes sich irgendwie abfinden müssen, die aber nie rein aufgelöst werden kann; die gewissenhafte Treue im Kleinsten, zu welcher die strenge Zucht der Philologie erzieht, kann schwer oder kaum von denen überall festgehalten werden, die einem großen Universalzusammenhang durch weite Massen des Stoffes nachgehen. Wie hat er hier gekämpft! In stürmender Hast durchmaß er das weite Gebiet deutscher Sprache, der ganzen Geschichte unserer Dichtung, ja er fand sich schließlich in das unabsehbare Meer von Dichtung aller Völker und Zeiten hinausgetrieben. Er verzehrte sich in dem Drang des Suchens, in welchem nicht die Freude an einzelnen gefundenen Thatsachen die Seele ausruhen ließ, sondern der Wille immer gleich gespannt auf ein fernes Ziel gerichtet war. »Vermöchte man doch«, so hat er das tragische Gefühl hiervon am Abschluß seiner Schrift zur Geschichte der deutschen Sprache ausgesprochen, »vermöchte man doch eine kurze Stunde wenigstens nach gethaner Arbeit sich dem täuschenden Wahn des Abschlusses hinzugeben. Aber mir ahnt, daß selbst ein reiches und langes Leben im Dienste der Wissenschaft es kaum höher als zum Ausgang des Moses bringen könne: zu einem einzigen kurzen Blicke auf das gelobte Land. Wie ein drohendes Gespenst überschattet die Unendlichkeit der Welt jedes schüchterne Gefühl des Gelingens, das sich in uns emporwagen möchte.« Und noch ergreifender berührt uns der Ausdruck der Ahnung, daß ihm beschieden sein werde, im Ringen nach seinen großen Zielen vor der Zeit und vor dem Abschluß zu sterben in den Worten: »Gewaltig fortschreitende Zeiten, wie die unsrigen führen eine wunderbar beseligende und erhebende Kraft mit sich, die Menschen wachsen moralisch über sich selbst hinaus. Die Frage nach dem Lebensglück des Einzelnen tritt weit zurück. Der Soldat, der auf dem Schlachtfelde mit dem Tode kämpft, jubelt mit dem letzten Athemzug den siegenden Kameraden ein Hurrah zu.«

Wie sein Wesen sich geformt und seine Art, die deutsche Sprache und Literatur zu behandeln, sich ausgebildet hat, könnte in diesem Augenblick Niemand im Einzelnen darstellen wollen, wäre ihm auch das Material dafür zur Hand. Die Älteren, die am tiefsten auf ihn wirkten, sind noch nicht lange dahingegangen. Aus dem Kreise mitlebender Genossen, unter denen er sich entwickelte, ist er nun als der erste weggenommen. So müssen Andeutungen hier reden.

Scherer war in Österreich geboren und aufgewachsen. Er hat den Tonfall seiner heimathlichen Sprache und das Impulsive und kunstlos Lebendige seines heimathlichen Wesens immer bewahrt. Von dort her brachte er den frohmüthigen Genuß des Augenblicks, heiteres Sichgehenlassen, Freude an Musik und Tanz, strahlende naive Liebenswürdigkeit. Im Gegensatz zu der gemessenen norddeutschen Art war ihm der freie Sinn von da mitgegeben, der die Abgrenzung des Gelehrtenstandes überall durchbrach. Wie empfand er diese Eigenschaften der österreichischen Literatur und wie stolz war er auf den Antheil des Heimathlandes an dem Heldensang und der Lyrik der großen mittelalterlichen Zeit. Seine Freundschaften aus dieser Heimath sind durch sein Leben gegangen. Eine anmuthvolle, lebensfreudige und doch im Herzen feste Österreicherin, die wie von Musik umgeben war, hat er heimgeführt. Sein Herz blieb verwachsen mit der naiven Volksthümlichkeit und dem starken, milden, heiteren Lebensgefühl, die er an seinem großen Landsmann Walther von der Vogelweide so warm zu preisen verstand, mit den Bergen Österreichs, der Musik Schubert's, dem schönen Wien.

Um so bitterer empfand er die Abtrennung seines Heimathlandes von dem großen Zug der geistigen Bewegung, wie dieselbe sich schon im dreizehnten Jahrhundert zu vollziehen begonnen hat. »In das Grab zu Würzburg ist nicht bloß Walther von der

Vogelweide gesunken. Er hat den edelsten, er hat den deutschesten Theil des Österreicherthums mit sich genommen auf lange Zeit. Mit ihm ist das nationale Pathos der Österreicher in die Grube gefahren, ja vielleicht ihr Pathos überhaupt, die Fähigkeit, sich für eine Idee zu begeistern und ihr zu leben.« Fasching und katholischer Kirchenglaube – so bezeichnete Scherer die beiden Feinde der mittelhochdeutschen Dichtung Österreichs, die den Sieg über sie davontrugen. Sänger und Prediger nannte er in seiner Literaturgeschichte das Capitel, in dem er dem Dichter Walther den franciscanischen Volksredner Berthold von Regensburg gegenüberstellte. Er glaubte herzlich an die großen Anlagen des deutschen Stammes, dem er angehörte, und er haßte ebenso herzlich die katholische Hierarchie und den väterlichen Despotismus, welche die sinnlichen Kräfte dieses Stammes benutzt haben, um so große Anlagen niederzuhalten. In einem Wiener Vortrag und Aufsatz über Grillparzer, nach dessen Tode geschrieben, hat er diesen wie ein Gegenbild seines Walther als den Dichter der Metternich'schen Epoche im Guten wie im Schlimmen, in der Theatervirtuosität wie in der servilen Gesinnung geschildert – und in ihm die Folgen des patriarchalischen Despotismus. »Feste, aufrechte Männlichkeit« – so fährt er nach der Darstellung dieses politischen Zustandes in Österreich fort – »kann unter derartigen Verhältnissen nicht gedeihen. Und die Dichtung, welche ähnliche Zustände zum Hintergrunde hat, gefiel sich zu allen Zeiten in der Verherrlichung häuslicher Tugenden und stillzufriedenen Glückes, in der Verurtheilung alles höheren Strebens als nichtigen Ehrgeizes und unerlaubter Überhebung. Auch in dem Deutschland der Zwanziger Jahre fehlte es daran nicht. Aber ein Talent ersten Ranges hat die Richtung in Deutschland nicht hervorgebracht. Das war Österreich vorbehalten, wo zu allen jenen natürlichen Folgen des Despotismus sich noch die geistliche Erziehung gesellte, welche blinden Glauben und unbedingtes Vertrauen in die Vorgesetzten zur Pflicht machte, welche den eigenen Willen und das persönliche Selbstgefühl ertödtete und nicht Kraft und Stolz, sondern Armuth und Schwäche als sittliche Ideale aufstellte.« Aber eben so hart verurtheilte er die liberalen Politiker und deren Cultus der materiellen Interessen. In einem Artikel der ›Deutschen Zeitung‹ vom 12. Januar 1872 gegen den Adreßentwurf der deutschen Partei schrieb er: »der österreichische Staat, in welchem alle centrifugalen Kräfte sich Stelldichein gegeben haben, worin

16

die nackte Selbstsucht eines aufgeblasenen Natiönchens soeben
noch dem unerhörtesten Triumphe nahe war – der österreichische
Staat steht da wie ein noch im Vollzuge befindliches Experiment,
wodurch das Weltenschicksal die Folgen des Egoismus und die
Nothwendigkeit des Gemeingeistes demonstriren will. Wir aber
schließen die Augen vor den offenliegenden Thatsachen und rufen
andächtig: o heiliger Mercurius, bitte für uns!« Er sah keine Hoffnung für Österreich als in der Herrschaft nicht der Deutschen,
aber des deutschen Geistes und seines »an Thatsachen geschulten
Idealismus«.

So fand sich der Österreicher, der Katholik, durch Alles, was
in ihm männlich selbstbewußt und deutsch war nach Deutschland
hingezogen. Er war frühe, nachdem er sich in Wien dem Studium
der deutschen Sprache und Literatur zugewandt hatte, nach Berlin
gekommen, da weiter zu studiren. An der Berliner Universität
überwogen damals noch von ihrer Gründung her die Geisteswissenschaften. Auf Wilhelm von Humboldt, Fr. A. Wolf, Schleiermacher, Hegel, Savigny als ihre nächsten Vorfahren blickten die
Gelehrten zurück. Berlin war noch der Sitz der historischen
Schule. Die am meisten hinreißenden Vorlesungen waren die von
Ritter und Ranke, in denen der universale erdumspannende Geist
empirisch-historischer Betrachtung, wie er von den Humboldt's
zuerst vertreten worden war, am reinsten sich ausdrückte. Indem
Trendelenburg durch die Erkenntniß und die Vertheidigung des
Aristoteles die Continuität der philosophischen Entwicklung aufzuzeigen und zu wahren strebte, erschien seine Richtung mit der
historischen Schule einstimmig. Berlin war aber auch zweifellos
der Mittelpunkt der germanistischen Studien, denen sich Scherer
gewidmet hatte. Hier lebte und arbeitete noch Jakob Grimm, zu-
weilen sah man wohl die schlichte unbeschreiblich imponirende
Gestalt durch den Thiergarten schreiten oder vernahm ihn in der
Akademie. Niemand kann den Eindruck vergessen, der ihn dort
über den Bruder sprechen hörte. Scherer durfte ihm näher treten,
und das Verhältniß zu dieser herrlichsten deutschen Gelehrten-
natur ist vielleicht das tiefste und reinste Pietätsverhältniß seines
Lebens gewesen, in alt deutscher Weise ein Gefolgschaftsverhält-
niß. Haupt und Müllenhoff waren auf der Höhe ihrer Universi-
tätswirksamkeit. Müllenhoff's ungewöhnliche Kraft historischer
Phantasie, fest gegründet auf eine höchst umfangreiche und sichere
Gelehrsamkeit, wirkte bestimmend auf Scherer. Die Grammatik

und die deutsche Alterthumskunde desselben (eingeschlossen seine altdeutsche Literaturgeschichte) wurden die bleibenden Grundlagen von Scherer's germanistischen Arbeiten. Insbesondere das Werk Müllenhoff's über deutsche Alterthumskunde ist wie ein Theil von Scherer's eigenem Leben geworden. Seitdem er als Student in die Massen der zu dieser Alterthumskunde aufgespeicherten Manuscripte blicken durfte, ließ er nicht ab, den Lehrer, der ihm bald Freund ward und der alles Zärtliche in seiner so spröde sich gebenden Natur den jungen Arbeitsgenossen genießen ließ, an die Vollendung des großen Werkes zu mahnen. Und als Scherer starb, lagen die Handschriften dieses Werkes in seinem Hause und ein neuer Band desselben war unter seiner Aufsicht dem Abschluß nahe oder zum Abschluß gebracht worden.

Aber die Jüngeren, die sich zu Berlin in den sechziger Jahren zusammenfanden und sich da ganz anders, als es heute in der Reichshauptstadt möglich wäre, aneinanderschlossen, hatten nun auch ihr eigenes Leben. Ein so spröder und stolzer Zug durch das gelehrte Wirken von Trendelenburg, Müllenhoff, Droysen hindurchging: sie haben doch ihre Schüler niemals einengen wollen. Unter diesen herrschte der Geist einer veränderten Zeit. Die Erfahrungsphilosophie, wie sie Engländer und Franzosen ausgebildet haben, wurde ihnen durch Mill, Comte und Buckle nahe gebracht und von ihr aus bilden sich ihre Überzeugungen. Die aufstrebenden Naturwissenschaften forderten eine Auseinandersetzung mit denselben, wollte man zu festen Ansichten gelangen. Zugleich entsprangen den Freunden in diesem schönen Zusammenleben aus ihren so verschiedenen Studien lebendige gegenseitige Anregungen. Dürre Strecken in dem Empirismus unserer Nachbarn wurden da belebt. Der auf die Einheit unseres Volkes gerichtete politische Affect gab auch der Betrachtung unserer Literatur seine Farbe und seine praktische Energie. Das Studium der wissenschaftlichen Versuche der Romantiker, besonders von Friedrich Schlegel und Novalis regte freiere und der deutschen Wissenschaft gemäßere Betrachtungen über den Zusammenhang der Geschichte an, als Mill, Buckle und Comte gegeben hatten. Eine an Carlyle, Emerson, Ranke erzogene Vertiefung in große Persönlichkeiten lehrte ihre Rolle in der Geschichte anders beurtheilen, als jene englischen und französischen Schriftsteller es gethan haben. Der von Schleiermacher am schönsten entwickelte Begriff des Lebensideals ließ gründlicher in den Zusammenhang der Ge-

schichte der Dichtung mit der Entfaltung des sittlichen Nationallebens blicken. Und das vergleichende Verfahren, das sich für die
Erkenntniß von Sprachen und Mythen so fruchtbar erwiesen
hatte, versprach auch auf andere Gebiete, zunächst das der Dichtung Licht zu werfen.

Scherer selbst fiel in jedem Kreis, in den er trat, schon als
ganz junger Mensch, durch Züge des Wesens auf, welche die
Augen Aller auf sich zogen. Es war nichts Dumpfes in ihm. Alles
hell, lebensfreudig und vordringend. In seinem Leben schien es
keine leeren Stellen zu geben, keine Pausen. Man sah ihn naiver
reflexionsloser Heiterkeit das Leben ganz hingegeben, dann beherrschte er die Geselligkeit und bezauberte Alle. Zu anderen Zeiten mied er im Feuer der Arbeit monatelang jeden Verkehr. In
Allem was er that, war er ganz und voll Leidenschaft. Dies sein
Wesen war dadurch erhöht und gesteigert, daß sein ganzes Lebensgefühl in dem Diesseits wurzelte, in dem Genießen und Wirken auf dieser Erde. Er hatte die Begriffe der katholischen Kirche, in der er geboren war, abgeworfen. Sein souveräner Verstand wollte in keinem Winkel des Herzens irgend ein dunkles
Gefühl bestehen lassen, das er nicht zu begründen vermochte. Er
lebte in dem ungebrochenen Bewußtsein, daß Jedem von uns nur
der Tag seines Lebens angehöre: diesen wollte er mit so viel Gehalt erfüllen als möglich wäre. Diese völlige Diesseitigkeit in dem
Gefühl und der Betrachtung des Lebens durchdrang sein ganzes
Wesen und steigerte seine Energie. Sie wurde von ihm in dem
jungen Goethe wiedergefunden. Sie verband ihn mit gegenwärtigen Dichtern wie Gottfried Keller. In ihr fühlte er sich mit der
naturwissenschaftlichen Denkweise verwandt. Und sie rückte ihm
unsere mittelalterliche Literatur, deren Lebensgefühl die ältere
Germanistik so vielfach getheilt hatte, in geschichtliche Ferne. Er
war ein moderner Mensch, und die innere Welt unserer Vorfahren
war nicht mehr die Heimath seines Geistes und seines Herzens,
sondern sein geschichtliches Object.

So ist in Scherer die *Stimmung* entstanden, in welcher er die
Sprache und Dichtung unseres Volkes betrachtete. Er erblickte
das deutsche Alterthum nicht mehr durch das Medium einer demselben ähnlichen Gemüthsverfassung. So entstand ihm die *Methode,* welche er auf Sprache und Literatur anwandte. Sein Verfahren war durch den Geist der Naturwissenschaften geleitet und
er erstrebte die Ausdehnung der vergleichenden Methoden und

die rücksichtslose Durchführung des Empirismus. So entstand ihm endlich der universale und ganz moderne *Grundgedanke,* durch welchen er die alte Literatur unseres Volkes mit der neueren Sprache und Dichtung desselben zu verknüpfen, dies Ganze zu dem deutschen Seelenleben in feste, faßbare Beziehungen zu setzen und im Lichte des vergleichenden Verfahrens auch die unbewußte Gemüthstiefe der Dichtung zu erhellen bemüht war.

Wie seine Stimmung ganz modern war, so war auch seine Methode zunächst durch das Vorbild der Naturwissenschaften bedingt. Er sah wohl, daß »für eine Reihe der wichtigsten Aufgaben die Geisteswissenschaften von der Naturforschung Hilfe erbitten müssen«. Ein solcher Fall lag in der Lautlehre vor. Da er fand, daß die Lautlehre »nicht auf der Höhe stehe, welche sie vermöge der Vermehrung unserer physiologischen Einsichten erklommen haben könnte,« hat er in seiner Schrift zur Geschichte der deutschen Sprache die Arbeit Brücke's über die Physiologie der Sprachlaute mit den Ergebnissen der historischen Grammatik verknüpft. Und er ging zugleich davon aus, daß die Naturwissenschaften Methode und Charakter der wissenschaftlichen Arbeit umgestaltet hätten und noch weiter umgestalten müßten. Er sah das Wesen der naturwissenschaftlichen Methode »in der gewissenhaften Untersuchung des Thatsächlichen und der Auffassung des Gesetzes, das an ihm zur Erscheinung kommt«, oder, mit anderer Wendung, »in der Zurückführung der sicher erkannten Erscheinung auf die wirkenden Kräfte«. So fand er folgerichtig die Bedingung für die Möglichkeit einer Wissenschaft von den gesellschaftlichen und geschichtlichen Erscheinungen mit Stuart Mill und Buckle in der Voraussetzung eines lückenlosen Causalzusammenhangs, der auch im Willen des Menschen herrsche. Er war Determinist und die Annahme der Willensfreiheit schien ihm den Begriff der Erkenntniß selber aufzuheben. »Wir glauben mit Buckle, daß der Determinismus, das demokratische Dogma vom unfreien Willen, diese Centrallehre des Protestantismus, der Eckstein aller wahren Erkenntniß der Geschichte sei.« Und er ließ keine anderen Hilfsmittel für das Studium der Sprache und Dichtung gelten, als Beobachtung der Erscheinungen, causale Verknüpfung und Vergleichung derselben. So verwarf er nicht nur jede offene oder versteckte Art metaphysischer Begründung; er vermied auch, ganz im Sinne der positivistischen Schule, jede Anwendung der Psychologie auf Grammatik oder Poetik; im Interesse größerer Einfachheit und Sicherheit des Verfahrens.

Zwei Klassen methodischer Hilfsmittel werden von ihm bevorzugt. Der Causalzusammenhang respectirt die Grenzpfähle zwischen den Einzelwissenschaften nicht; soll er also erfaßt werden, so muß neben die an sich so nothwendige Arbeitstheilung eine neue Arbeitsvereinigung treten. Daher hat er diese »Universalität erfahrungsmäßiger Betrachtung«, welche den Gliedern des Causalzusammenhangs über die Grenzpfähle den Einzelwissenschaften hinaus nachgeht, immer geübt und den Pedanten gegenüber vertheidigt. Er brachte die Entdeckungen der historischen Grammatik einerseits mit der Lautphysiologie in Beziehung, andererseits mit der politischen Geschichte unseres Volkes. »Als die Hauptquelle der Eigenthümlichkeit unserer Sprache werden wir immer die Umwandlungen ansehen müssen, welche die socialen Zustände nach der Occupation Deutschlands in den Geist unserer Nation gebracht haben.« Er erläuterte mittelalterliche Dichtungen aus der damaligen Theologie und er suchte Goethe im Zusammenhang mit der allgemeinen wissenschaftlichen Bewegung seiner Zeit aufzuklären. Überall ging er dem Zusammenhang der Sprache mit der Dichtung nach. Die zweite Klasse methodischer Hilfsmittel, welche er bevorzugte, hat sich aus der Vergleichung entwickelt. Wie Gervinus liebte er die Parallele, die Analogie. Er betonte den Werth der Methode »der wechselseitigen Erhellung«. »Wir hoffen durch die wechselseitige Beleuchtung vielleicht räumlich und zeitlich weit getrennter, aber wesensgleicher Begebenheiten und Vorgänge sowohl die großen Processe der Völkergeschichte als auch die geistigen Wandlungen der Privatexistenzen an die Tageshelle des offenen Spiels von Ursache und Wirkung heben zu können.« Überall, von der Betrachtung der Lautverschiebung bis zu der von Veränderungen dichterischer Formen hat er durch das Nahe, Zugängliche, Moderne das Zeitferne und Dunkle erleuchtet. Von Jugend auf war dann sein Lieblingsgedanke, die Methode der Verallgemeinerungen durch Vergleichung auf Gebiete zu übertragen, die noch nicht den Charakter wirklicher Wissenschaften erlangt hatten. In seiner Literaturgeschichte beklagt er, daß ein in der Sprachbetrachtung so erfolgreiches Verfahren immer noch in zu beschränktem Umfang benützt worden sei. Seine Poetik sollte einen Fortschritt in dieser Richtung herbeiführen. Sie sollte ganz auf methodische Beobachtung sprachlicher und dichterischer Erscheinungen, causale Verbindung und wechselseitige Erhellung von den Naturvölkern aufwärts und auf die Verallgemeinerung durch Vergleichung begründet werden.

Ein herrschender Gedanke gab seinen Arbeiten Einheit und verknüpfte sie mit der nationalen Bewegung, wie das seinem lebendigen Wesen Bedürfniß war. Dieser Gedanke hatte sich wie eine Pflanze mit ruhigem Wachsthum in unserer Philologie entwickelt. Die griechische Philologie hatte seit Winckelmann, Humboldt und Fr. A. Wolf ihr Ziel in der Erforschung aller Seiten des griechischen Nationallebens gefunden. Dann hatte die Liebe zu dem eigenen lange hintangesetzten Volksthum die deutsche Philologie geschaffen, und diese hatte sich das Verständniß des deutschen Alterthums zum Ziele gesetzt. Aus der universal-historischen Verwebung löste sie für die Betrachtung die auf unsere Sprache gegründete Einheit unseres alten Volkslebens los und sie hatte folgerichtig ihr Ideal in der reinen, unverletzten, einheitlichen Ausbildung unseres nationalen Wesens. So hatte sie von Anfang an das politische Einheitsstreben unseres Volkes in sich gehegt und Jakob Grimm war der treueste Wächter dieses Gedankens gewesen. Nun wirkte die wachsende politische Einheitsbewegung auf die deutsche Philologie zurück. Schon die Sprachbetrachtung war überall genöthigt gewesen, für das Verständniß der älteren deutschen Sprachgeschichte die Vorgänge in den deutschen Mundarten der neueren Zeit zu benutzen. Auch konnte nicht entgehen, daß die Vorgänge in dem heutigen religiösen Vorstellungsleben denen analog sind, welche in der Ausbildung von Heiligengestalten und Festen unserer älteren Zeit thätig waren und daß rückwärts bis zu unserem Götterglauben *ein* Faden sichtbar ist. Gervinus hatte nun den großen Wurf seiner Literaturgeschichte gethan. Der Grundgedanke dieses Werks war freilich im Sinne der Schlosser'schen universalhistorischen Schule der Fortgang unseres geistigen Lebens zur Freiheit gewesen. Indem aber Scherer das Lebensideal, das in Lessing wirkt und im Faust sich ausspricht, das Ideal des fortschreitenden ringenden Menschengeistes, mit dem zusammenhielt, das unsern Heldengesang durchzieht und in Wolfram seinen höchsten Ausdruck findet: ging ihm die Conception einer Geschichte unserer Dichtung auf, welche das fortschreitende Lebensideal, das in unserem Volkscharakter begründet ist, darstellte. So mußten nun die zunftmäßigen Schranken fallen, welche die ältere Germanistik noch vielfach hatte stehen lassen: gerade darin empfand

Scherer die Lebendigkeit der deutschen Philologie, daß sie unser Volk in seiner ganzen Wirklichkeit umfaßt. Zugleich strebte er, die Erklärung der Lebensäußerungen desselben soweit als möglich in die Tiefen des Nationalcharakters zurückzuführen. Es war wohl sein verwegenster Versuch in dieser Richtung, wie er das germanische Accentgesetz, nach welchem im einfachen Worte das materielle Element desselben, die Wurzelsilbe, den Hauptton trägt, in Zusammenhang mit den Charakterzügen unseres Volkes brachte, aus welchen auch sein Heldensang und Heldenideal geboren ist: ein Versuch, der denn freilich keine Nachfolge gefunden hat. So war ihm die Aufgabe des Germanisten, die Wesenheit unseres Volkes an Sprache, Mythos und Dichtung, als seinen Lebensäußerungen, zu erkennen. Und indem er von diesem umfassenden Begriff der deutschen Philologie ausging, hat er die ältere und die moderne Zeit durcheinander beleuchtet, wie Niemand vor ihm. Von der Behandlung älterer Literaturdenkmale übertrug er die strengen Methoden auf die Erforschung der Dichtungen unseres Jahrhunderts, und die an der neueren Literatur erworbene Anschauung dichterischer Individualitäten wandte er auf die theilweise so kümmerlichen Reste des 11. und 12. Jahrhunderts und auf die einander noch so viel ähnlicheren, schablonenhafteren Schriftsteller jener Tage an. In diesem lebendigen Austausch von breiter Anschauung modernen Dichtens und Trachtens und strenger Erkenntniß der alten Sprache und Dichtung lag nicht zum Wenigsten das Belebende seines Unterrichts. Verfahrungsweisen, die Lachmann an unseren Volksepen ausgebildet hatte, benutzte er, um die Lücken in Goethe's Faustgedicht zu erkennen. Er wollte das Ganze unseres nationalen Lebens umfassen, den Werth auch unserer neueren Literatur für die Erkenntniß unseres Wesens zur Anerkennung bringen, und er hatte für die deutschen Dichter unserer Gegenwart, vor Allen für Freytag und Keller, dasselbe Interesse als für die, welche schon der Rost des Alterthums bedeckt. Sein moderner Geist suchte die so entstehende Beziehung auf das Leben. Denn wer wahrhaft lebendig ist, will durch Wissenschaft wirken.

Ich kann mir nicht versagen, die Stelle aus der Vorrede seiner ›Geschichte der deutschen Sprache‹ (1868) mitzutheilen, in welcher der seine Arbeiten beherrschende Gedanke einen ersten Ausdruck fand, vielleicht noch etwas phantastisch: aber um so lebendiger empfindet man die treibende Macht in demselben. »Denke ich mir einen Menschen, der im blühenden Jugendalter sich zum höchsten Bewußtsein über sich selbst zu erheben vermöchte, so würde er den Stand und das Maß seiner Kräfte sorgfältig überschlagen, er würde dann den Lebenskreis prüfen, innerhalb dessen er zu wirken hat, und aus der Vergleichung der allgemeinen Lage mit seiner individuellen Leistungsfähigkeit würde er zur Wahl und Begrenzung der Ziele gelangen, für die er seine Existenz einzusetzen bereit wäre. Was Jeder für sich wünschen und anstreben darf, das wünschen und erstreben wir in noch viel höherem Maße für den menschlichen Verein, dem wir das Größte und Beste danken, was wir besitzen und was unseren echtesten Werth ausmacht: für unsere Nation. In der That können wir seit der Mitte des vorigen Jahrhunderts eine fortschreitende Bewegung beobachten, in welcher die Deutschen sich zur bewußten Erfüllung ihrer Bestimmung unter den Nationen zu erheben trachten. Warum sollte es nicht eine Wissenschaft geben, welche den Sinn dieser Bestrebungen, das, was den innersten aufquellenden Lebenskern unserer neueren Geschichte ausmacht, zu ihrem eigentlichen Gegenstande wählte, welche zugleich ganz universell und ganz momentan, ganz umfassend theoretisch und ganz praktisch, das kühne Unternehmen wagte, ein *System der nationalen Ethik* aufzustellen, welches alle Ideale der Gegenwart in sich schlösse und, indem es sie läuterte, uns ein herzerhebendes Gemälde der Zukunft als Wegweiser des edelsten Wollens in die Seele pflanzte? Der Verlauf einer ruhmvollen, glänzenden Geschichte stünde uns zu Gebote, um ein Gesammtbild dessen, was wir sind und bedeuten, zu entwerfen, und aus diesem Inventar aller unserer Kräfte würde sich eine nationale Güter- und Pflichtenlehre aufbauen, woraus den Volksgenossen ihr Vaterland gleichsam in athmender Gestalt ebenso strenge heischend wie liebreich spendend entgegenträte.« Das schrieb er 1868, als der nationale Gedanke das alte allgemeine Humanitätsideal ganz aufgezehrt zu haben schien. Er betrachtete Müllenhoff's Alterthumskunde und sein eigenes Werk über die Sprache als Arbeiten, welche diesem Ziel entgegenstrebten. Aber was so mit unsicheren Umrissen in der Morgendämmerung seines Lebens ihm schon vorschwebte, das hat seine Literaturgeschichte verwirklicht. Denn das Herz dieses Werkes ist die Geschichte eines fortschreitenden Lebensideals in unserer Poesie, der Glaube, daß unser Volk in seiner Dichtung das Bewußtsein seines tiefsten Wesens errungen hat.

Die Wissenschaften nationalen Lebens, wie sie Scherer im Geiste unserer Philologie dachte, sollten in einer allgemeinen vergleichenden Geschichtswissenschaft begründet sein. Freilich hätte sich hier das Ideal innerer Entfaltung mit dem universalhistorischen Standpunkt und die nationale Ethik mit dem Gedanken der Humanität auseinandersetzen müssen. Vielleicht ist in Scherer's Literaturgeschichte die universalhistorische Betrachtung zu sehr zurückgedrängt. Ein ethisches Ideal aber, welches über das von unseren großen dichterischen Volksgenossen geschaffene hinausreiche, ist für Scherer ein Ungedanke, man könnte sagen: ein Ideal an sich, das nicht aus dem Gemüth eines Volkes geboren wäre. Goethe in seinem Fragment ›Geheimnisse‹ vereinte die Vertreter der verschiedenen Religionen unter einem Haupte »Humanus« zu einem Bunde. Scherer hebt die Verwandtschaft des in diesem Symbol dargestellten Gedankens mit den letzten Zielen Lessing's und Herder's hervor. »Indem wir aber jene Repräsentanten verschiedener Nationen und Religionen in mittelalterlichem Kostüm und halb als Ritter, halb als Mönche finden, müssen wir unwillkürlich wieder an die Templer, an den heiligen Gral und das Familienband denken, das im ›Nathan‹ wie im ›Parzival‹ Heiden und Christen umschlingt. Und wenn uns in den Geheimnissen gleich an der Schwelle das Wort entgegentritt: ›Von der Gewalt, die alle Wesen bindet, befreit der Mensch sich, der sich überwindet‹, so fällt uns Walther von der Vogelweide ein mit seiner Frage und Antwort: ›Wer schlägt den Löwen? Wer schlägt den Riesen? Wer überwindet jenen und diesen? Das thut der, der sich selbst bezwingt.‹ Die größten Dichter unseres Mittelalters und die größten der Neuzeit stehen zusammen und bilden eine ideale Gemeinschaft.« Diese ideale Gemeinschaft der großen deutschen Dichter im innersten Sittlichen, dieses Fortrücken der großen Poesie von dem Ideal reckenhafter Leidenschaft zur Verklärung des ritterlichen Mannes und von da zum Faust: das ist der Grundgedanke der Scherer'schen Literaturgeschichte; der Faust bildet daher ihren wohlerwogenen Abschluß; die unsterbliche Function der Poesie im Leben des Volkes, »daß Poesie eine heilige Angelegenheit unseres Volkes sei«, ist das letzte Wort derselben. Sein jugendliches Denken war nun am Studium Goethe's zum reifen Abschluß gekommen.

Nur dies Persönliche wollte dieser Beitrag vergegenwärtigen. Wollte Jemand über Scherer's Bedeutung für seine Wissenschaft sprechen, so müßte er nun zeigen, wie aus dem dargestellten allgemeinen Zusammenhang seine Hauptarbeiten hervortraten und was er in ihnen geleistet hat. Denn nicht in den allgemeinen Gesichtspunkten, sondern in dem, was von ihnen aus dem empirischen Stoff von Causalzusammenhang oder Verallgemeinerung in Gesetzen abgewonnen wird, liegt die Bedeutung des Gelehrten. An drei Punkten hat Scherer Fortschritte gemacht, an denen sein Gedächtniß in der Wissenschaft haftet. Sein Buch zur Geschichte der deutschen Sprache hat den von Jakob Grimm fünfzig Jahre vorher im ersten Bande der Grammatik (1819) begründeten Zusammenhang zwischen der deutschen Philologie und der Sprachvergleichung auszubauen mitgeholfen. So lebhaft zur Zeit das Getümmel des Streites auf diesem Boden ist: auch von den Gegnern werden heute in diesem Buch die Benutzung der Lautphysiologie für die Begründung der historischen Grammatik, der Fortschritt in der Beobachtung der Lautgesetze über die älteren Germanisten hinaus, die wissenschaftliche Verwerthung des Princips der Formenübertragung, überall aber der große historische Zug anerkannt werden. Alsdann hat die deutsche Literaturgeschichte durch ihn bemerkenswerthe Fortschritte gemacht. Literarhistorische Arbeiten gehen von der Zeit, in der er, fast noch Student, mit seinem Lehrer Müllenhoff die Denkmäler unserer ältesten Sprache und Literatur bearbeitete, bis zu dem Beschluß seiner Literaturgeschichte, von der Jugendschrift über Jakob Grimm, die er später umarbeitete, bis zu der Biographie seines Lehrers Müllenhoff, die er nahezu vollendet hinterlassen hat, durch sein ganzes Leben. Er umspannte das ganze Gebiet. Hierdurch wurde bei ihm wie bei seinem Vorgänger Gervinus die Neigung zur Analogie, deren Grund freilich tiefer lag, begünstigt. Die an dem Neueren gewonnene Anschauung der Individualität und die an ihnen seit den Tagen der Schlegel entwickelte Kunst der ästhetischen Charakteristik übertrug er auf die ältere Literaturgeschichte. Die strenge sprachliche und metrische Beobachtung und die auf sie gebaute niedere und höhere Kunst der Kritik, wie sie die deutsche Philologie an den Denkmälern unseres Alterthums ausgebildet hatte, wandte er auf die neueren Dichtungen an. Mit den fortschreitenden Jahren machte sich in seiner literarhistorischen Arbeit immer mehr ein Zug geltend, der ebenfalls ganz modern war. Die ästhetischen Kategorien der idealistischen Schule sind verbraucht, durch unsere jetzigen ästhetischen und kunsthistorischen Arbeiten geht *ein* Grundzug: aus der constructiven Technik des einzelnen Kunstgebiets wollen wir die Betrachtung der Kunstwerke verstehen und ihren ästhetischen Werth erfassen. So ging Scherer auf die Technik, gleichsam auf das Handwerk der Dichter zurück. Da das Material derselben die Sprache ist, waren ihm in seinem Sprachstudium Hilfsmittel für die Erfassung dieser dichterischen Technik bereit, die er zunächst ergriff. Man möchte sagen, sein geübtes Ohr ließ ihn den Zusammenhang von Sprache, Klang, Metrum und Poesie besonders fein vernehmen. Nun wandte er sich an Aristoteles, der die Technik der griechischen Poeten zusammengefaßt hat, er wandte sich an die neueren Dichter, welche von technischen Gesichtspunkten aus die Poesie behandelt hatten. Von Lessing, Schiller und Goethe bis auf Otto Ludwig, Gustav Freytag und Spielhagen wurden sie seine Lehrer. Auf solchen Grundlagen bildete er eine Kunst aus, Beobachtungen zu machen, sie zu sammeln und in der ästhetischen Charakteristik zu verknüpfen. Glänzende Beispiele derselben sind in seiner Literaturgeschichte Klopstock und die Umgestaltung der Lyrik Goethe's unter dem Einfluß von Herder, oder in seinen deutschen Studien die Anfänge des Minnesangs. Im Einzelnen hat Scherer in den Denkmälern vor Allem mit Müllenhoff gemeinsam die Gestalt Karl's des Großen für die Literaturgeschichte erst gewonnen; dort hat er auch in werthvollen Excursen wichtige Punkte der Geschichte des mittelalterlichen Gottesdienstes, der Literatur, Predigt und Katechese erläutert und den Zusammenhang von Dichtungen des 11. und 12. Jahrhunderts mit der zeitgenössischen Theologie dargelegt. Die Literaturgeschichte des 12. Jahrhunderts hat er eigentlich erst chronologisch aufgebaut und landschaftlich geschieden. Er hat die Anfänge des Prosaromans untersucht. Zuletzt stand Goethe im Mittelpunkt seines Interesses. Von seinen Hypothesen über den Satyros wie über eine erste Bearbeitung des Faust in Prosa kann man verschieden urtheilen. Seine Ansicht von einer in Rom vollzogenen Umwandlung des Goethe'schen Stils zu einer »typischen Methode« mag einseitig sein. Aber die von ihm eingeführte Verfeinerung der Methoden wird sich nützlich erweisen, und damit wäre auch Scherer zufrieden gewesen; sprach er doch oft aus, er wolle gern irren, wenn er nur durch seinen Irrthum fördere. Der dritte Fortschritt, den die Wissenschaft Scherer verdankt, lag in seiner Poetik. Von dieser wüßte ich wenig zu sagen. Und doch liegt mir der Wunsch, den ich in Rücksicht auf dieselbe aussprechen möchte, von Allem was ich hier sage am meisten am Herzen.

Als Scherer die Literaturgeschichte vollendet hatte, legte er Hand an die Ausführung des Planes, neben die Grammatik als gleichwerthige und nach denselben Methoden zu bearbeitende Wissenschaft eine Poetik zu stellen. Im Winter 1884/85 begann er die Vorbereitungen für die Vorlesung, die er dann im Sommer 1885 gehalten hat. Viele Jahre hatte er gesammelt und nachgedacht. Es machte ihn glücklich, wenn er nun Abends vor dem Einschlafen oder auf Spaziergängen diese Fragen erwog, daß sich wie ohne sein Zuthun seine einzelnen Gedanken zu einem Ganzen zusammen zu fügen schienen. Nie habe ich ihn bei einer Arbeit so frohmütig und zuversichtlich gesehen. Als er die Vorlesung im Sommer begann, fand er ein sehr großes und gespanntes Auditorium vor sich, darunter gereifte Männer und wissenschaftliche Mitarbeiter. Bei der Ausarbeitung, die dann erfolgte, wurde er von den Erfahrungen geleitet, die an der Grammatik gemacht worden waren. Waren wir in früheren Jahren beide durch literarhistorische Studien zu dem Problem geleitet worden, ob sich nicht die alte Aufgabe der Poetik mit den neuen Mitteln unserer Zeit besser lösen lasse, so zeigte sich jetzt, wie weit uns der Gang unserer Studien in Rücksicht auf das Verfahren der Auflösung von einander entfernt hatte. Scherer verwarf jede Mitwirkung der Psychologie. Wie sich zur Zeit die vergleichende Sprachwissenschaft von der Benutzung psychologischer Sätze ganz frei gemacht hat, so gedachte er eine Poetik ganz mit denselben Hilfsmitteln und nach denselben Methoden herzustellen. Stand ihm doch von den primitiven dichterischen Äußerungen der Naturvölker aufwärts ein ungeheures, beinahe unübersehbares Material zur Verfügung. Und in der von Aristoteles begründeten technischen Wissenschaft der Poetik waren auch schon Abstractionen gewonnen, welche die Bearbeitung dieses Materials erleichtern konnten. Das ungemeine Interesse seiner Zuhörer an einem solchen Plane befeuerte ihn. Aber in diesen kurzen heißen Sommermonaten, in denen er Vorlesung für Vorlesung ausarbeitete, wurde die Anstrengung für ihn zu groß und schon damals mahnte ihn ein leichter nervöser Zufall. Er arbeitete die Vorlesung unentwegt zu Ende, wie er sie beabsichtigt hatte. In Bezug auf seinen Nachlaß wird die Herausgabe dieser Vorlesung die Hauptaufgabe sein. In gewissem Sinne wird in ihr seine originalste Leistung liegen. Zwar enthielt das sorgfältig gearbeitete Heft, wie ich es bei Gelegenheit von Gesprächen sah, vielfach nur Andeutungen, die für den Vortrag bestimmt waren; aber Niederschriften von Zuhörern können ergänzend eintreten; mein Wunsch im Interesse dieser Poetik von Scherer geht nun dahin, es möchte bei gewissenhafter Treue gegen den Inhalt durch freie Behandlung der Form ein wirksames Buch aus den Vorlesungen geschaffen werden.

In denselben Jahren, welche der Vollendung der Literaturgeschichte nachfolgten, waren in dem weitgezogenen Kreise, den Scherer beherrschte, ihm auch nach anderen Seiten die Aufgaben gewachsen. Nach dem Tode von Müllenhoff hatte die Regierung mit wirklich vornehmer Liberalität die würdige Vollendung der Alterthumskunde gesichert und Scherer hatte die Leitung dieser weitaussehenden Arbeit übernommen. Mehr als die ethnographischen, mehr auch als die mythologischen Probleme reizte ihn hier eine Aufgabe, die Müllenhoff sich nicht gestellt hatte: auf vergleichendem Hintergrunde wollte er die Entwicklung der germanischen Rechtsanschauungen aufzeigen. – Nun aber trat bald danach ein Ereigniß ein, das Alle, die sich mit Goethe beschäftigten, lebhaft erregte. Der Nachlaß Goethe's kam aus dem Verschluß des Goethehauses in die Hand der Großherzogin von Weimar und in die Benutzung der Freunde Goethe's. Eine abschließende Ausgabe Goethe's wurde jetzt möglich. Die Aufgabe fiel Herrn von Löper, Scherer und Erich Schmidt zu. Und es ist für Scherer's freien, auf die Verbindung mit dem Leben gerichteten Blick bezeichnend: er wollte nicht eine Edition in gelehrtem Interesse, sondern Goethe sollte in vollendeter Gestalt zum ästhetischen Genuß dem Volke, für das er gedichtet hatte, dargeboten werden. So sollten also z. B. bei der Ausgabe der Gedichte die ästhetischen Gesichtspunkte, die nach Scherer's feinen Nachweisungen Goethe bei ihrer Anordnung geleitet hatten, in Geltung bleiben und nicht einer chronologischen Abfolge Platz machen. Ferner sollten jetzt das Leben Goethe's und die Entstehung seiner Werke quellenmäßig in Monographien durch mehrere zusammenwirkende Gelehrte dargestellt werden, und auch hieran hatte Scherer Antheil zugesagt. In einem Leben Goethe's seine eigene Beschäftigung mit demselben künftig abzuschließen, hat er darum keineswegs aufgegeben. Denn das Epos dieses Lebens kann nicht von einer Anzahl von Rhapsoden zusammengefügt werden und bedarf dessen auch nicht. Dies Alles war im Werden. Dazu war er nicht Gelehrter allein, er fühlte sich auch als Schriftsteller, und wer seine Rede auf Jakob Grimm gehört hatte, empfand, daß er ein Redner von seltenem Schwung des Geistes war. So schien er dazu bestimmt, die unvergängliche Function der Poesie in dem Nationalleben wissenschaftlich inmitten der materiellen und politischen Interessen unserer Tage, in dem heutigen Berlin zu vertreten.

Noch stand er in der Fülle der Kraft, im fünfundvierzigsten Jahre seines Lebens. Die reifen Früchte drängten sich ihm gleichsam überall in die stillen Fenster seines Gemachs. Mit inniger, tiefer Freude genoß er das reine und volle Glück, das Frau und Kinder ihm bereiteten. Nun war das kleine Haus in der Lessingstraße bezogen, wo zwei große Bücherzimmer ihm die Arbeitsstille für so Vieles, das er noch zu thun hatte, sichern sollten. Wenige Monate danach, im Anfang des letzten Winters traf ihn der erste Schlaganfall. Am 6. August Morgens trat der zweite ein, dem er am selben Tage, Abends 6 Uhr, erlag. Das einzige Wort der Klage, das über seine Lippen kam, galt den Seinen. In der Jugend bei höchstem Vermögen des Genusses ihn der Arbeit zu opfern, dann in der Kraft männlicher Jahre sich im Dienst großer Aufgaben rasch, mit verschwenderischem Überschwang des Wollens zu verzehren, wie er es gethan: das ist auch germanische Art, verwandt dem Heldenthum unserer deutschen Vorzeit und darum fähig, es zu deuten. Er hat im Sinne seines Ideals gelebt.

Erich Schmidt

Wilhelm Scherer [*]

[1888]

An dem folgenschweren Tage, der das lang verschlossene Haus am Frauenplan weit öffnete um andächtige Besucher und die Boten neuer Thätigkeit zu empfangen, trat ich zusammen mit Scherer in Goethes Sterbezimmer. Niemand kann in den geweihten prunklosen Raum ohne ehrfürchtigen Schauder eingehen. Der

[*] Von bemerkenswerthen Nekrologen sind mir folgende bekannt geworden: J. Baechtold, Allg. Zeitung 3. Sept. 1886; F. Bechtel, Beiträge zur Kunde der indogermanischen Sprachen 13, 163 ff.; A. Bettelheim, Deutsche Zeitung 12. Aug. 1886; O. Brahm, Frankfurter Zeitung 16 f. Sept. 1886; K. Burdach, Nationalzeitung 3 ff. Nov. 1886; W. Dilthey, Deutsche Rundschau Oct. 1886; H. Grimm, Deutsche Literaturzeitung 1887

letzte Hauch des Dichters scheint noch darin zu schweben. Seine ganze einzige Existenz dringt auf uns ein, und die Vorstellung, wie das leibliche Dasein so überreicher Mächte hier in einem Augenblick erlosch, muss auch spröde Gemüther überwältigen. Scherer aber konnte sich dieser Fülle der Eindrücke so wenig erwehren, dass er schluchzend die Kammer verliess. Er hatte eben erst in hinreissenden Worten voll Muth und Kraft die hohen Pflichten der Arbeit in Goethes Erbe gepredigt, und dem Plänereichen gingen grosse Projecte, deren Verwirklichung er mitleiten sollte, durch den bewegten Sinn. Dass sein eigenes Leben schon gezeichnet und im grellen Gegensatze zu Goethes harmonisch vollendeter Bahn frühzeitigem Abbruch verfallen sei, ahnte er nicht. Wir wollten es auch dann nicht glauben, als der folgende Winter ihn auf das Siechbett streckte und weiterhin die scheinbare Genesung durch bedrohliche Anwandlungen von Schwäche und Widerstandslosigkeit fort und fort unterbrochen wurde. Düsteren Ausblicken und entsagungsreicher Berechnung, was er noch leisten könne, folgte doch immer wieder ein getrostes Vergessen solcher bänglicher Gedanken: er hörte so gern, dass man an eine thatkräftige ungehemmte Zukunft für ihn glaube und ihn noch lange, lange in dem neugegründeten Hause, wo er beglückt Liebe gab und Liebe empfing, und draussen, wo er lehrend und gesellig anregte, wirken zu sehen hoffe. Er zählte erst fünfundvierzig Jahre

No. 3; R. Heinzel, S. A. aus der Zs. für österr. Gymnasien 1886 Heft II; Waterman Th. Hewett; J. Hoffory, Westermanns Illustr. Monatshefte 1887 S. 646 ff; A. Horawitz, W. Sch. Ein Blatt der Erinnerung Wien 1886; W. Kawerau, Magdeb. Zeitung; E. Martin, Internationale Zs. für allg. Sprachwissenschaft 3, 217 ff.; R. v. Muth, Deutsche Wochenschrift 1886 No. 33; J. Rodenberg, Deutsche Rundschau Sept. 1886; P. Schlenther, Voss. Zeitung 23. Jan. 1887; Johannes Schmidt, Gedächtnißrede auf W. Sch. Berlin 1887 (gelesen in der Kgl. Akademie der Wissenschaften am 30. Juni 1887); A. v. Weilen, Presse 19. Aug. 1886; R. M. Werner, Zs. für Geschichte u.s.w. Cotta 1886 S. 862 ff.; E. v. Wildenbruch, Goethe-Jahrbuch 1887.
Scherer wollte seiner Frau in den Ferien einmal eine Autobiographie dictiren. Nur leere Hefte liegen vor mit den Aufschriften: 1841–45 Schönborn; 1845–49 Gottersdorf; 1849–54 Im Institut; 1854–58 Das akademische Gymnasium; 1858–60 Wiener Studienjahre? Die ersten Universitätssemester; 1860–64 Berliner Studienjahre; 1864–68 Privatdocent; 1868–72 Professor in Wien; 1872–77 Straßburg; 1877 Berlin. Neben Müllenhoff.

und hatte noch viele Rechte an das Leben, die Wissenschaft und Literatur noch viele verpflichtende Ansprüche an ihn. Aber der 6. August 1886 brachte eine jähe Katastrophe. Diese Flamme hatte so hell geleuchtet; sie trüb herabbrennen und verglimmen zu sehen, wäre unerträglich gewesen. Ein gelähmtes Dasein mit peinlicher Einschränkung des Schaffens und Geniessens, langsamer Verfall hätte diesen raschen, ehrgeizig den höchsten Zielen zustrebenden Mann so furchtbar wie kaum einen anderen Menschen getroffen.

Wilhelm Scherer war eine geniale Natur. Reichste, auf österreichischem Boden gewachsene Begabung kam in strenge norddeutsche Zucht. Schon als Gymnasiast lebhaft für deutsche Sprache und Literatur interessirt, fand Scherer auf der Wiener Universität zwar rege Förderung von Seiten der classischen und slavischen Philologie, aber keine volle Befriedigung bei Franz Pfeiffer, dessen Entfaltung als Forscher und Lehrer auch durch Mängel des Autodidakthums beeinträchtigt war und der allem Norddeutschen zähe Abneigung entgegensetzte. »So machens die Preussen!« murrte er 1866 »Rücksichtslos alles an sich raffen, in der Politik wie in der Wissenschaft!« Das war aber gar nicht nach dem Sinne des Jünglings, der aus Gustav Freytags Werken nationale Begeisterung sog und im Bekanntenkreise die scharfe Tonart Julian Schmidts als Gipfel aller Kritik verfocht. Scherer wandte sich 1860 nach Berlin »um Methode zu lernen«, wie er mit liebenswürdiger Naivetät erklärte. Jacob Grimms mildes Auge hat noch auf ihm geruht. Sein Führer wurde Karl Müllenhoff. Bei unerschütterlicher Einigkeit in allen philologischen Grundsätzen grösste Verschiedenheit des Naturells: der Ditmarsche Müllenhoff ein langsamer Hoplit, hartnäckig, an strenge, manchmal starre, sittliche Maßstäbe gewöhnt, den Gewinn grossartigen Studiums sehr bedächtig schürfend im stolzen Streben die Dinge völlig auszuschöpfen, schwerflüssig in der Formgebung für die imposanten Resultate beharrlichster, aber nie ans Endziel rückender Lebensarbeit – Scherer beweglich, schmiegsam, weltmännisch, oft sprunghaft und bei aller Festigkeit im Verfolg der Aufgabe gern geneigt auch Unfertiges rasch abzustossen, von sprudelnder Gedankenfülle, in Rede und Schrift nie um den treffenden Ausdruck verlegen, kein Mann der Studirstube, ohne zünftige Verachtung des »Literaten«, vielmehr gern in Fühlung mit nichtakademischen Kreisen und dem Ruhm eines deutschen Schriftstellers allmälig stärker nachtrachtend als dem eines deutschen Gelehrten. Doch Hand in Hand mit Müllenhoff zeigte Scherer in den kleinen althochdeutschen ›Denkmälern‹ frühreife Herrschaft über philologische Textbehandlung und Erklärung: der Neuling, der von einem so anspruchsvollen Meister zum Genossen erkoren sicher auf den Plan trat und überall neue Ausblicke eröffnete, machte gerechtes Aufsehen. Das Hauptwerk der folgenden Wiener Lehrzeit ist ein grammatisches, ›Zur Geschichte der deutschen Sprache‹, eingeleitet durch ein jugendlich überwallendes Programm germanischer Alterthumsforschung; ein revolutionärer Versuch, die nach Grimms Grossthaten stagnirenden Gewässer aufzurühren, Sprachgesetze in innigstem Zusammenhang mit dem Nationalcharakter zu zeigen, die Macht der Analogiebildung zu entwickeln, erkannte Normen jüngerer Sprachperioden auf ältere zu übertragen, für die Lautlehre von der Physiologie zu lernen und die Errungenschaften der vergleichenden Sprachforschung intensiver und extensiver als bisher geschehen zu verwerthen.

Obwohl Scherer bis an sein Lebensende oft zur Grammatik zurückkehrte, das einschlägige Hauptcolleg gern wiederholte und noch zuletzt eine gründliche Auseinandersetzung mit den jüngsten Tendenzen auf diesem Gebiete plante, sollte nach dem eben genannten kühnen Wurfe literarhistorisches Bemühen immer mehr bei ihm die Oberhand gewinnen. Lehrend lernt er in Wien. Wohin er sich fortarbeitend oder zur ersten Orientirung wendet, überall wird er productiv, so dass dieser energische Pfadfinder auf jedem Gefilde der deutschen Philologie wohlthätige Spuren seines Wirkens zurückgelassen und an Umfang der schriftstellerisch bethätigten Interessen wie an Kraft und Anregung unstreitig alle Fachgenossen überboten hat. Seine Kritik hat sich vom ›Beowulf‹ bis zum ›Faust‹, von den arischen Urgattungen bis zu Gottfried Keller, George Eliot, Ludwig Anzengruber erstreckt. Er handelte in den ›Denkmälern‹ von mittelalterlicher Musik und er war lebendig vertraut mit dem Melodienschatze seines Landsmannes Schubert. Über Dramatisches sprach er als einer, der Burgtheater und später Comédie française besucht hat. Über ethische Probleme als einer, der in vielerlei menschliche Zustände Einblick gewonnen. Über poetische Technik als einer, dem die Gelegenheit mit hervorragenden Dichtern der Gegenwart solche Fragen zu verhandeln willkommen gewesen. Über Raphaels ›Schule von Athen‹ hat er geschrieben und die Frage nach den Quellen

entschieden gefördert ... Es ist keine geringe Selbstzucht von-
nöthen, um bei solcher Weite der Interessen sich nicht im freien
Spiel geistiger Kräfte einer zusammenfassenden Production zu
entziehen, sondern das Fundament der Bildung und Forschung
fest zu gründen. Scherers zuversichtliche Art in der Erledigung
oder Aufstellung von Problemen hat starke Sympathien und An-
tipathien erweckt, aber niemand gleichgiltig gelassen. Als junger
Mensch hielt er ein satirisches letztes Gericht über die Fachgenossen, und so abschätzig er später diese Schnurre belächelte, sie
war charakteristisch für die Freiheit, mit welcher Scherer sich
in der Gelehrtenrepublik umschaute. Die grossen Abhandlungen
über Jacob Grimm jedoch, die in besagtes Satyrspiel, aber zugleich
in ein sehr positives und grossartiges Programm der deutschen Philologie ausliefen, zeigten ein sehr ausgebildetes und feinfühliges
Organ der Verehrung; mit der Darstellung des theuren Mannes
verbanden sie durchsichtige Beiträge zur weiteren Geschichte der
Wissenschaft, ja die Skizze war in allen Hauptpartien, obwohl
hie und da noch etwas manierirte Nachahmung Macaulayschen
Stils sich regte, so glücklich gerathen, dass sie meist Wort für
Wort in das ausgedehntere und gefeiltere Jubiläumswerk von 1885
eingehen durften. Wie reizvoll ist die Geschichte unserer Wissenschaft durch ihre grossen Zusammenhänge mit Dichtung und Na-
tionalgefühl, durch die reine Grösse, die stählerne Schärfe, die
Wucht ihrer Meister, und wie unlebendig bleibt sie bei dem treff-
lichen Raumer! wogegen Scherer sowohl führende Personen
(Grimms, Lachmann, Haupt, Müllenhoff) als auch Liebhaber wie
Meister Sepp und Meusebach oder Fachleute zweiten und dritten
Rangs – z. B. mit ein paar Strichen Hahn – zu vergegenwärtigen
weiss. Diese Kunst der Charakteristik, die in den Kern der Persönlichkeit eindringt, den springenden Punkt scharf beleuchtet,
Leibnizens »chargé du passé et gros de l'avenir« überall in der
Menschengeschichte genetisch und fortleitend verfolgt, die Ac-
cente weislich vertheilt und mit der Naturwissenschaft in empi-
rischer Beobachtung wetteifert, bildete er in Wien aus. Er übte
sie verweilend an Abraham a Santa Clara, nachdem Karajan bio-
graphischen Stoff angesammelt hatte, und an dem zu posthumer
Schätzung gelangten Grillparzer; an letzterem damals objectiver
als später. Er bedurfte der knappen Charakteristik für sein durch
Gervinus und Goedeke angeregtes Studium der Dramen des
16. Jahrhunderts, die er nachher in der ›Allgemeinen deutschen

Biographie‹ so compress darstellte und deren oft aus mühseliger Lectüre geschöpfte Kenntniss zunächst einen schönen Niederschlag fand in der mit dem Freund O. Lorenz gemeinsam verfassten ›Geschichte des Elsass‹.

Im Herbst 1872 übernahm Scherer die Professur für deutsche Sprache und Literatur an der Universität Strassburg. Die fünf Jahre, die er hier zubrachte, sind eine inhaltschwere Übergangszeit. Scherer selbst nahm 1877 das ausgesprochene Bewusstsein nach Berlin mit, dass sein rasches Blut Mäßigung, seine Art, Menschen und Verhältnisse zu beurtheilen, grössere Unparteilichkeit gewonnen habe. Im neuen Reiche schlug das leidenschaftliche Temperament sehr selten so hitzig über den Strang, wie es ihm in politischen Reden zu Wien unter dem Druck unüberwindlicher Sehnsucht nach dem aufsteigenden siegreichen Staate des öfteren begegnet war, und sein Scheidegruss gab sich nicht wie in Wien als sprühende Kampfrede, sondern als reifes Bekenntniss, welche nationale Kraft der deutschen Philologie innewohne. So hat er später, als von rechts und links reactionäre Wogen andrangen, einem maßvollen, entschieden toleranten Liberalismus in politischen und religiösen Fragen gehuldigt. Für seine Schüler – und Strassburg sah Scherers Lehrthätigkeit am reichsten, weil am ungehemmtesten entfaltet – war das unmittelbare Hervortreten der Persönlichkeit, die man immer zugänglich und mittheilsam fand, ein unvergesslicher Segen. Es lag etwas Anglühendes und Fortreissendes in Scherer. Sein Vortrag und sein Gespräch verzichteten auf alle rhetorischen Mittel, aber der rasche, manchmal allzu hastige Fluss hielt den Zuhörer stark in Athem und machte ihn zum Theilnehmer einer ununterbrochenen Production. Sein behender Geist verschloss sich nirgends, brachte überall das Lieblingswort »Gesichtspunkte« zur praktischen Geltung und drang, auch wo der Wechsel jeweiliger Beschäftigung an nervöse Unruhe streifte, in den Kern der Probleme. Diese künstlerische und gesellige, jeder Pedanterie abholde Natur hasste die ängstliche Küstenschifffahrt und pries ein Wachsen und Freiwerden des auf hoher See segelnden Menschen mit weiter Umschau und tiefem Einblick in allgemeinere Erfahrungen, denen sich die einzelne Erscheinung als besonderer Fall einordnen lässt, aber sie vertrat auch die vielberufene »Andacht zum Unbedeutenden«, kannte keine Nachsicht gegen Trägheit und Schlendrian, hochmüthiges Geistreicheln und tiefsinniges Orakeln, das der treuen Arbeit enthoben zu sein wähnt, und schied höhere journalistische Fähigkeiten von dem landläufigen dreisten Zusammenraffen arrangirter Thatsachen und Einfälle. Auch den redlichen Arbeiter kleinen Schlages wusste er aufrichtig zu schätzen, während er den Rhetor, der Trivialitäten aufdonnert und unter dem Beifall der Masse auskramt, gründlich verachtete. Auch darin war er Aristokrat, dass er die emporhebenden Schriftsteller jederzeit den herabsteigenden vorzog. Scherer hat Popularität wahrlich nicht unterschätzt, mit unwürdigen Mitteln angestrebt hat er sie nie. Ein Lieblingsgedanke in den letzten zehn Jahren, dessen mögliche Organisation er mehrmals zu Papier brachte, war ihm eine Repräsentantenkammer deutscher Schriftsteller, eine »Deutsche Akademie«, die natürlich ganz andere Dinge als Sprachregelung und Sprachreinigung verfolgen sollte. Es wird eine für Scherer bezeichnende Utopie bleiben. Seine Ethik der Wissenschaft lehrte, dass der Mensch das auszufüllen seine Pflicht habe, wofür er vornehmlich gerüstet sei, dass er anderen Neigungen entsagen müsse, wenn der Drang der Verhältnisse gerade ihm eine verwaiste Aufgabe entgegenbringe. Als die Fortsetzung von Müllenhoffs ›Deutscher Alterthumskunde‹ gesichert war, schrieb er mir: »Eine grosse Entscheidung auch für mich, die einen schweren Verzicht einschliesst; aber die Selbstüberwindung, die man übt, pflegt zum Guten auszuschlagen, und so bin ich getrost«. Dies fortgesetzte ernste Abwägen seiner eigenen Kräfte und Pflichten schärfte ihm das Urtheil über Begabung und Leistungen anderer und erhöhte zugleich sein Selbstgefühl. Scherer war sehr selbstbewusst, aber gar nicht eitel, denn die Eitelkeit ist kleinlich, und sein Thun und Fühlen hatte kein kleinliches Fäserchen. Auch weiss, wer ihm einmal näher trat, dass der Mann, der hie und da kühl und hochfahrend erscheinen mochte, viel lieber lobte als tadelte, liebte als hasste und Familienpietät wie Freundschaft warmherzig, zart und weich gehegt hat. Wie vieles wäre hier zu sagen, dürften wir in das innerste Heiligthum der Trauer eintreten... Dies Selbstbewusstsein hatte nichts Starres und Verstocktes. Zugänglich für Widerspruch, wenn es sich nicht gerade um einen besondern Lieblingsgedanken handelte, den er dann reizbar gegen alle Einwürfe verschanzte, habe ich ihn vor allem bei der ersten Durchsicht der Literaturgeschichte gefunden. Er beredete überhaupt seine frischen Arbeiten gern, las daraus vor, sammelte Stimmen. Polemik hat er oft geführt und zwar ohne die Keulenschläge, die Müllenhoff auch im kleinen Gelehrtenkrieg für nöthig hielt. Vielfach forderte ihm die polemische Auseinandersetzung allgemeine Losungsworte über seinen wissenschaftlichen Betrieb ab: man müsse den Muth des Fehlens haben; auf die wissenschaftliche Phantasie komme es an; die Motivforschung könne im Gegensatze zu der stereotypen Mahnung »Nicht zu weit gehen!« gar nicht weit genug gehen; eine der widerlichsten Gelehrtentugenden, recht innig verwandt mit der Feigheit, sei die Vorsicht – zweischneidige Schlagworte, die erst bei näherer Erläuterung ihren aufrührerischen, gefährlichen Klang verlieren. Es konnte Scherer nicht einfallen, die Vorsicht schlechtweg zu verabschieden und zu verdammen; aber es kam vor, dass er eine kühne Hypothese in Druck gab und dann Discussionen darüber ablehnte, weil ihm das »noch nicht reif« sei. Mercks »Bei Zeit auf die Zäun« war auch für ihn gesprochen. Doch in der Strassburger Zeit noch geneigt, Untersuchungen formloser abzuschliessen, wie die ›Geistlichen Poëten‹, Einzelnes in den ›Deutschen Studien‹, den Commentar ›Aus Goethes Frühzeit‹, den bunten kritischen Strauss ›Jörg Wickram‹, wandte er sich immer mehr einer durchgebildeten, künstlerisch geordneten Schriftstellerei zu und suchte oft sogar in kleinen Notizen und Anzeigen sein für Goethes jugendliche Kritiken aufgestelltes Urtheil zu bethätigen: auch Recensionen können ein Kunstwerk sein. Er schrieb z. B. das mythologische Capitel oder die Parcivalanalyse für die 1876/77 begonnene Literaturgeschichte drei, vier Mal um.

Das letzte zusammenfassende Programm seiner Wissenschaft hat Scherer am 3. Juli 1884 beim langersehnten Eintritt in die Berliner Akademie vorgetragen: »Die deutsche Philologie verfolgt die gesammte Entwickelung unserer Nation, indem sie in ihr inneres Leben einzudringen sucht. Von der Mythologie der alten Germanen und ihren arischen Wurzeln bis zu dem modernsten Gedichte fallen die glänzendsten wie die bescheidensten Äusserungen deutscher Geisteskraft in ihr Bereich. Sie kann sich bald an der unschuldigen Einfachheit eines Naturvolkes erquikken, bald in die zarten Gewebe Goethescher Seelenschilderungen vertiefen. Sie zählt Herder zu ihren Ahnherren und wendet gerne den vergleichenden Blick über die Grenzen des Vaterlandes hinaus, um nach dem Gesetze der geschichtlichen Erscheinungen zu spähen oder wenigstens die nationale Eigenthümlichkeit schärfer zu erfassen. Sie steht in einem traditionellen und niemals ernstlich getrübten Verhältnisse zur vergleichenden Sprachwissenschaft.

Sie hat von der classischen Philologie vieles gelernt und wird darin gewiss fortfahren, wo es ihr nützen kann. Sie ist ein Theil der deutschen Literatur selbst, ihre Begründer gehören zu unseren Classikern, und die Art, wie Lessing, Herder, Goethe, Schiller, Wilhelm von Humboldt literarische Dinge betrachteten, gab ihr das grosse Vorbild einer auf ästhetische Probleme gerichteten historischen und systematischen Untersuchung. Sie hat das Recht, ja die Pflicht, der Literatur der Gegenwart ihren sympathischen Antheil zu schenken; und es geziemt ihren Vertretern, dass sie die Sprache, die sie forschend ergründen sollen, auch kunstmäßig zu handhaben und sich einen Platz unter den deutschen Schriftstellern zu verdienen wissen. Das Maß der Wissenschaftlichkeit hängt nicht von der Schwierigkeit des ersten Schrittes ab. Die leisen Unterschiede des Sprachgebrauches zwischen heut und vor fünfzig Jahren zu erkennen, fordert schärfere Sinne, als einem althochdeutschen Texte die grammatische Ausbeute zu entlocken, die er etwa bieten kann. Ein todtes Idiom aus schriftlichen Denkmälern zu lernen und unsere Kenntniss davon durch einzelne Beobachtungen zu bereichern, ist leichter, als eine lebende deutsche Mundart, in deren Gebrauch man aufwuchs, zuverlässig darzustellen. Das heimische Sprachgefühl lässt sich immer nur unvollkommen ersetzen, und wer es nicht mit Bewusstsein in sich ausbildet, bleibt ein Fremdling in jedem Sprachgebiet, auf dem er sich ansiedeln mag«.

Ich sagte schon, dass in Strassburg die längst gepflegten literarhistorischen Interessen Oberwasser erhielten, wenn auch noch nicht im Plan der Vorlesungen und Übungen; doch traten zu jenen übersichtliche Publica, zu diesen gleich anfangs eine »moderne Abtheilung«. Goethe, Kern und Stern unserer neueren Dichtung, erwies sich immer mächtiger. Der Tag ist mir lebhaft in Erinnerung, wo Scherer nach der ersten Lectüre der ›Achilleis‹ sein Staunen über so lange Verkennung ausdrückte. Was Scherer jedoch vor Berlin über Goethe geschrieben hat, beschränkt sich auf Werke der Frühzeit wie ›Pater Brey‹, ›Jahrmarktsfest‹, ›Stella‹, ›Faust‹, auf Gestalten aus den Jugendjahren, wie ›Adelaide‹, auf Goethes Advocatenpraxis (nach einem beweglichen Hilferuf S. Hirzels), auf ein vorläufiges Programm der Goethephilologie. Später ist er wohl zu diesen durch die weithin anregende Jubiläumssammlung des Leipziger »Hohepriesters« nahe gelegten und so erleichterten Studium zurückgekehrt, die im Elsass der Genius loci, die Verbindung mit Sesenheim, die Freundschaft mit dem feinen, im Zwiespalt deutschfranzösischer Bildung lange steckengebliebenen L. Spach so nahe legte, hat mit Seuffert die ›Frankfurter gelehrten Anzeigen‹ herausgegeben, aber selbst gereift und beruhigt hegte und studirte er vor allem die seit der italienischen Reise geprägten Schätze des Goetheschen Mannes- und Greisenalters. Ja, er antwortete wohl auf eine Beschwerde über die geringe Verbreitung des »Jungen Goethe«, das sei im Grunde ganz gut, da sonst der Formlosigkeit weiterer Vorschub geleistet würde.

Diese höchste Werthschätzung der künstlerischen Form erfüllt Scherers Meisterwerk ›Geschichte der deutschen Literatur‹, die nicht bloss unterrichten, sondern auch ästhetisch erziehen und in den Tagen der gewaltigen Realpolitik und der übermächtigen Naturwissenschaften davon überzeugen will, dass die Nation nur zu ihrem Schaden in der Pflege des classischen Vermächtnisses nachlassen könne. Hier ist nicht der Raum für eine Würdigung des grossen Werkes, das mit strengster Auswahl des wesentlich Scheinenden, mit principieller Vermeidung alles bequemen, aber wenig fördernden Nacherzählens (sehr verschieden von der Analyse), für verdunkelte Partien mit der auch in der Grammatik so hilfreichen Leuchte der »wechselseitigen Erhellung«, mit energischer Periodisirung und einer, manches unliebsam verschiebenden oder zerpflückenden, aber die *summa cacumina* zu voller Schau stellenden Gruppirung von der Urzeit bis zu Goethes Tod bald in Siebenmeilenstiefeln, bald in langsamem Gange schreitet. Eingehende Betrachtung sollen nur die geschlossenen Kunstwerke finden, was natürlich die Erörterung fragmentarisch auf uns gekommener Denkmäler nicht verbietet. Unfruchtbare Jahrhunderte oder Epochen, nicht zur Reife gediehene Talente werden eiligst abgethan. Scherer hatte Berge von Excerpten deutscher und lateinischer Dramen angehäuft; er gab hier nur ein paar Namen, eine summarische Charakteristik, mündend in die Klage, dass die vorhandenen Elemente bei uns nicht zu einem Shakespeare aufgeblüht seien. Verlotterte Genies schob er wie Gervinus bei Seite und machte nur bei Christian Reuter eine Ausnahme, weil der ›Schelmuffsky‹ in seiner Art stilvoll und rund ist. Für Goedeke war das sechzehnte Jahrhundert ein Höhenzug – Scherer wird Luther in schönen Worten gerecht, aber er betonte im Gespräch, dass die Ungeschlachtheit der Lutherischen Streitschriften ihn abstosse, und er suchte Goedekes Darstellung der Blüthe populärer Gattungen zu widerlegen, schalt die rohe Metrik und kennzeichnete scharf den »Grobianismus« des Jahrhunderts. Etwas bloss darum, weil es an Volksüberlieferung haftet oder im Munde des Volkes fortlebt, mit ehrfürchtigem Gemüth zu umfangen fiel ihm eben so wenig ein, als Poesie bloss auf den Höhen der Bildung zu suchen. Im siebzehnten Jahrhundert interessirte ihn z. B. der Feldzug der Poetikenschreiber gegen den Hiatus; er hegte natürlich keine Verehrung für diese grösstentheils entsetzlich öden Compilationen, aber jene Regel der Euphonie fesselte seinen Formsinn, und er schloss eine Abhandlung darüber, die wiederum bis zu Goethe führt, mit der Kriegserklärung gegen die heutige Bummellyrik, wie denn sein verspäteter Geibelcultus wesentlich aus formalen, nicht aus inneren Gründen entsprang und er französische Komödien oder Romane gern auf ihre überlegene durchgebildete Technik hin pries. Nur verbinde niemand mit dem eben Gesagten die Vorstellung eines zimpferlichen, nach Politur verlangenden Geschmacks! Von Schiller stellte er die ›Braut von Messina‹ am höchsten, während er anderen Werken gegenüber, obwohl dem ultraradicalen Standpunkt O. Ludwigs längst entfremdet, lavirte. Bei Goethe will er eine Ausnahme machen: zu Gunsten des ›Faust‹, der ja manche Nähte und Sprünge zeigt. Sonst wird der geschlossene ›Werther‹ viel eingehender behandelt, als der nicht geschlossene ›Wilhelm Meister‹, trotzdem die ›Lehrjahre‹ ein Gipfel der Prosa, ein Gefäss reichster Lebensbeobachtung und Lebenskunst, ein Roman von unabsehbarer Nachwirkung sind und die allerdings sehr obenhin redigirten ›Wanderjahre‹ die tiefsten Bekenntnisse Goethischer Ethik und Sociologie darbieten. Was Goethe selbst über Nachahmung, Manier und Stil vorgetragen, wurde consequent und sehr eindringlich ausgebeutet und auch zur Charakteristik anderer Dichter verwerthet. Die Auswahl aus Goethes Werken in Max Müllers ›German classics‹ hat Scherer zur Illustration dieser Stilentwicklung vom Individuellen zum Allgemeinen, zum Typischen getroffen. Das Durchdringen des Symbolischen ist mit dieser Betrachtungsweise innig verbunden. Der Hauptinhalt der ›Aufsätze über Goethe‹ (Berlin 1886), soweit sie nicht Personen schildern oder vererbte Motive verfolgen, beruht darauf. Scherer ging den künstlerischen Absichten nach, auf welche hin Goethe die Ausgabe letzter Hand disponirt hat und zeigte die feiner oder derber gesponnenen Fäden dieser Anord-

nung. Reizte es Goethes philologischen Sinn, euripideische Frag-
mente auszubauen wie der Archäolog einen Torso, so ist Scherer
durch das Bedürfniss der Geschlossenheit theils zur Zerlegung,
theils zur Ergänzung getrieben worden. Die Symbolik der ›Pan-
dora‹ ist uns aufgegangen – welches Ende aus dem Schema zu
erschließen? Wir haben Goethes kurzen Bericht über eine ›Iphi-
genie in Delphi‹, kennen die Quelle, die Entstehungszeit, die damalige Kunstübung, die damalige Stimmung, dürfen auf das Ver-
meiden von genügend ausgebeuteten Motiven der Taurischen
schliessen – wie würde die Delphische ausgesehen haben? Mit dem
sinnreichsten Aufgebot aller Hilfsmittel der Combination hat
Scherer in einem ausgezeichneten Aufsatz die ›Nausikaa‹ zu re-
construiren versucht, aber auch da, wo der »wissenschaftlichen
Phantasie« das nöthige Spalier zum Halt nicht überliefert ist, wie
für den Helena-Act des ›Faust‹, alle fruchtbaren Motive erschlies-
sen und zu Ende denken wollen. Dass man leicht bei solchen
Experimenten Grund und Boden verliert und die Dichterphantasie, deren Wege selten eine gerade Linie sind, presst, liegt aber
auf der Hand. Ich sehe in den meisten Vermuthungen für die
›Helena‹ eine Scherersche Dichtung, in den Umrissen und in vielen sicher an Überliefertes anzuknüpfenden Details seiner Nausi-
kaa-Reconstruction dagegen wohlbegründetes Resultat. Scherer
löste andererseits das grosse, in langer Jahre Lauf gewordene Ge-
flecht des ›Faust‹ auf, wo manche Maschen gefallen, manche
schwierige Knoten verknüpft, manche Lücken nachträglich ausgefüllt sind. Es ist sehr Vielen nicht zweifelhaft, dass eine grosse
Reihe der in dem Heft ›Aus Goethes Frühzeit‹ mit etwas tumul-
tuarischer Kühnheit aufgepflanzten Combinationen nicht Stich
hält, dass aber der Werth dieser kritischen Arbeit keineswegs mit
so manchen sehr angreifbaren Einzelresultaten fällt, dass die grossen Züge der angewandten und klar erörterten Methode in Ehren
bleiben und wir nur stärker, als Scherer gethan, mit der nicht
strict nach den Gesetzen wissenschaftlicher Logik arbeitenden
Dichterphantasie und einem auf der Congruenz von Form und
Inhalt ruhenden unmittelbaren Stilwechsel zu rechnen haben. Unter philologisch-historischen Forschern kann die Faustfrage kein
Zankapfel werden. Der Fund des ›Urfaust‹ hat manches geklärt,
manches verwirrt, und ich glaube nicht, dass Scherer z. B. die
verwegene Hypothese eines Prosafaust gerade auf diese Entdek-
kung hin hätte aufgeben müssen. Wir sind ja neuerdings wieder

von hervorragender Seite, wo aber ein kühles Verhältniss zur Philologie besteht und litterarhistorische Erforschung gern als Feindin des nirgends bedrohten ästhetischen Totalgenusses angeklagt wird, ermahnt worden, es sei an der Zeit, dass man ohne die ganz fruchtlose Stilanalyse und die nur verderbliche Theilung des grossen Ganzen bloss Gesichertes über Goethe lehren und schreiben solle. Ja, wenn die Geisteswissenschaften Mathematik wären! Die gewaltige Anregung von ›Dichtung und Wahrheit‹, Goethe aus seiner Zeit und in seiner Entwicklung zu begreifen, wird uns nie verloren gehen, und von dem Vermögen philologischer Stiluntersuchung erlauben wir uns nicht gering zu denken. Wie der Kunsthistoriker das Sposalizio hier, die Transfiguration dort verschiedenen Phasen zuweist, so können wir den Wandel der künstlerischen Ziele und Mittel bei Goethe beobachten. Dem wird nun auch der kritische Apparat unserer neuen Ausgabe zu Gute kommen, ohne das harmonistische Totalitätsbedürfniss des Lesers im geringsten zu stören; wen die »Lesarten« ärgern, der kann sie ja wegschneiden, wie der Bauer bei Hans Sachs die »Glosse« vom Corpus Juris des Sohnes. Jedenfalls ist es tief zu beklagen, dass Scherers Faustforschung für uns Fragment geblieben. Immer wieder hielt ihn der grosse Gegenstand fest. Eine Menge Skizzen in seinem Nachlasse zeugen von intensivster Arbeit, und das Ziel hat er im Eingang der Wintervorlesungen 1883 ungefähr mit folgenden Worten bezeichnet: »Kein Bummelcolleg will ich bieten, sondern ernsthafte Forschung, bei der wir uns nichts erlassen, nichts erleichtern, an keiner schwierigen Frage vorbeigehen, sondern methodisch eindringen in das Werk, das wie kein anderes die moderne deutsche Literatur überragt. Methodisch eindringen, zum wahren Verständniss eindringen heisst in diesem Fall Folgendes: Goethes Faust ist sehr allmälig entstanden, zu verschiedenen Zeiten, in verschiedenen Stimmungen, in verschiedenen Stilformen abgefasst; er ist nicht vollkommen fertig, vollkommen einheitlich geworden. Das Verständniss kann nicht darin bestehen, dass man sich über die Unvollkommenheiten hinwegtäuscht, sie hinweginterpretirt und dem Werk eine Einheit anlügt, die es nicht besitzt – sondern umgekehrt: dass man in die Entstehungsgeschichte so viel als möglich eindringt, die ursprünglichen und die späteren Intentionen unterscheiden lernt und womöglich jedem Zuge, jeder Scene, jedem Motive seine ursprüngliche Stelle anweist und sich stets vergegenwärtigt, dass Scenen oder Motive fehlen können, welche, ursprünglich beabsichtigt, dann nicht ausgeführt, den Zusammenhang des Ganzen in einer Weise herstellen würden, wie er thatsächlich in dem äusserlich abgeschlossenen Werke nicht hergestellt ist. Das Ziel der Interpretation muss bei dem Faust nicht nur das Verständniss des Einzelnen und des unmittelbaren Zusammenhangs sein, sondern es muss immer zugleich die Entstehungsgeschichte im Auge haben«.

Im Herbst 1884 schrieb mir Scherer, bei seinem nächsten Besuch in Wien gelte es neben einem Corpus dramaticum des 16. Jahrhunderts vor allem den Plan einer grossen Goetheausgabe gründlich durchzusprechen. Im folgenden Frühling schuf der Tod des letzten Goethe und das edle Pflichtgefühl, mit dem die Frau Großherzogin Sophie ihr nationales Erbe antrat, um es fruchtbar zu machen, diesem Unternehmen freie Bahn. Was auf der neuen Basis nun geleistet werden soll und zum kleinen Theil schon geleistet ist, liegt vor aller Augen; auch ist männiglich bekannt, dass die Grundsätze der Arbeit wesentlich von Scherer, anfangs so hoffnungsfreudig, zuletzt mit sinkender Kraft, aufgestellt worden sind. Von dem Hauptprincip an, die Werke, so wie sie der Dichter selbst letztwillig geordnet hat, mit kritischen Beigaben zu wiederholen (wobei mir zunächst die Aufgabe zufiel, im Plane die nöthigen Verschiebungen und Einschiebungen anzudeuten), bis zur Musterung der Typen und Papierproben hat sich seine Sorgfalt erstreckt. Die drei ersten Redactoren sind stets in vollem Einvernehmen vorgegangen, und ihr Verhältniss zu der Hohen Frau, in deren Dienst zu arbeiten eine Lust war und bleibt, ist immer das ungetrübteste gewesen. Scherer selbst wollte sich nur an den Vorarbeiten betheiligen und einiges Kleinere herausgeben, aber es zuckte in seinem Gesicht, als ich Vorschläge zur Vertheilung verlas und zum ›Faust‹ ein anderer Name als der seine gesetzt werden musste.

Scherer war gewohnt aus dem Vollen mit Einsetzung seiner ganzen Persönlichkeit zu arbeiten. Auch sein eingeschränktes Programm für die nächsten Jahre, denen eine gemächlichere Lebensführung folgen sollte, war noch weit genug und nur mit dem Aufgebot seltener Kräfte durchzuführen: große Musterungen der grammatischen Studien, der Untersuchungen über älteres Drama u. s. w. aus dem letzten Zehend; die Fortführung der Müllenhoffschen ›Alterthumskunde‹ als vornehmste, durch einen zuverlässigen jüngeren Mitarbeiter erleichterte Hauptpflicht; der Abschluß

43

einer eingehenden Darstellung von Müllenhoffs Leben und Streben; ein in grossen Zügen gehaltenes dreigliederiges Buch über
Goethe: Biographie, Dichtung, Wissenschaft; eine ›Poetik‹. Zur
letzteren war lange der Grund gelegt, bevor Scherer sich ent-
schloss, die Cardinalfragen in einem besonderen Colleg auseinan-
derzusetzen. Vergleichende Betrachtung der Epik wie der Lyrik
hatte ihn schon in Wien und Strassburg nachhaltig beschäftigt.
Und alle seine Arbeiten von den ersten an, ›Jacob Grimm‹ wie
›Zur Geschichte der deutschen Sprache‹, bieten Bausteine zu einer
empirischen historisch-psychologischen Ästhetik inductiver Art,
die den deductiven Constructionen der älteren Schulphilosophie
gründlichst den Abschied giebt und die Methode der Analogie-
schlüsse voll auszubeuten sucht. Herder, Darwin wurden seine
Führer, nicht Hegel, Vischer, deren Lichtblicke im Einzelnen er
bewunderte, deren Systeme ihm nichts boten. Ein starker Hang
zum Schematisiren und Generalisiren, wie er sich übermäßig in
der Scheidung dreihundertjähriger, männischer und frauenhafter,
Perioden kundgab, eine Neigung zu dogmatischen Formeln unter-
stützten seine Entwürfe einer Naturgeschichte der Dichtung, ihres
Ursprungs aus primitiven Zuständen, ihrer allmälig sich ausbil-
denden Gattungen, ihrer Wirkungen, des bedeutsamen Verhältnis-
ses zwischen Dichter und Publicum, der Rolle der Stände, des
Erlebten und Erlernten, innerer und äußerer Form, der Fortpflan-
zung und Wandelung von Motiven ... Auch die Skizze, deren
Erscheinen nahe bevorsteht, wird hochwillkommen sein, und wie
Scherers Literaturgeschichte mit dem Grusse des Philologen an den
Ästhetiker abschliesst, so werden wir dann die alte Systematik
und die neue Empirie, jene ausgebaut aber schon Ruine, diese un-
fertig aber ein festes Fundament, einander gegenüberstellen. Kaum
ein Lob hat Scherer so freudig verzeichnet als die Anerkennung
Vischers, wie vieles ihn auch von dem verehrten Mann trennte;
darum fügt es sich schön, dass in dieser ernsten Chronik die beiden selbständigen Geister nachbarlich erscheinen – aber gerade
diese Nähe des vollendeten Greises und des weit vom Ziele ge-
fallenen Mannes erregt die gleichen elegischen Empfindungen wieder, die der stimmende Accord unseres im Gewirr mannigfacher
Pflichten rasch entworfenen Nachrufs waren.

Euphorion
Zeitschrift für Literaturgeschichte
Band 1
[1894]

1. *August Sauer: Vorwort*

Der Prospekt, durch welchen das Erscheinen dieser Zeitschrift den
Fachgenossen und dem Publikum seinerzeit angezeigt wurde, sei
hier als Einleitung zum ersten Bande wiederholt:

»Die neue Zeitschrift hat die Bestimmung, die bis Ende 1893
fortgeführte von *Professor Dr. Bernhard Seuffert* redigierte
›*Vierteljahrschrift für Literaturgeschichte*‹ (6 Bände, Weimar,
Böhlau) sowie das ältere von *Professor Dr. Franz Schnorr von
Carolsfeld* geleitete ›*Archiv für Literaturgeschichte*‹ (15 Bände,
Leipzig, *Teubner)* zu ersetzen, wird sich daher vornehmlich der
Pflege der *neueren deutschen Literaturgeschichte seit dem ausge-
henden Mittelalter* zuwenden, ohne die Geschichte der älteren
deutschen Literaturepoche und die Geschichte der fremden Litera-
turen gänzlich auszuschließen.

Bei der immer ausgedehnteren und immer mehr ins Einzelne
gehenden Forschung, welche den dichterischen Erzeugnissen ver-
gangener Zeiten gewidmet wird, bei der immer größeren Bedeutung, welche die Geschichte unserer Literatur für unsere nationale
Entwickelung gewinnt, bei dem immer wachsenden, noch lange
nicht zum Abschluß gebrachten Bestreben, die Nationalliteratur
zur Grundlage unserer humanistischen Erziehung zu machen, kann
die literarhistorische Wissenschaft eines eigenen Organes auf die
Dauer ohne Nachteil nicht entbehren. Soll der Entwickelungs-
prozeß unserer Nationalliteratur immer von neuem und immer
richtiger dargestellt werden, soll in der Schule Wichtiges und Un-
wichtiges, Augenblicksschöpfung und Ewigkeitsdichtung immer
schärfer von einander geschieden werden, soll der Wert und die
Bedeutung unserer großen klassischen Literaturperiode in immer
weiteren Kreisen anerkannt werden, so muß auch die Forschung
diesen hohen Zielen unausgesetzt zustreben.

Den Blick stets auf das große Ganze und den Zusammenhang
des Ganzen, auf den Lauf der Jahrhunderte und den Wechsel
der Epochen gerichtet, wollen wir uns der Erforschung des Einzelnen mit Liebe und Sorgfalt widmen, einem künftigen Ge-

schichtsschreiber unserer Literatur die Wege bereiten, neues Material herbeischaffen, das alte sichten, ordnen und geistig durchdringen. Wir wollen die Literatur im Zusammenhange mit der gesamten nationalen Entwickelung betrachten, wollen alle Fäden verfolgen, welche zur politischen und Kultur-Geschichte, zur Geschichte der Theologie und Philosophie, zur Geschichte der Musik und der bildenden Künste hinüberleiten. Die Geschichte des Theaters und des Journalismus ist mit der Geschichte der Literatur unzertrennlich verbunden. Wir werden nicht einseitig der Dichtung huldigen, sondern auch die von der Forschung lang vernachlässigte deutsche Prosa in unseren Gesichtskreis ziehen. Die Stoff- und Sagengeschichte, welche immer mehr an Ausdehnung gewinnt, werden wir nicht vernachlässigen. Philologische und ästhetische Untersuchungen sollen nebeneinander hergehen, sich gegenseitig ergänzend und berichtigend; sprachliche, stilistische, metrische Untersuchungen werden Aufnahme finden. Durch die Erörterung methodischer Fragen hoffen wir unsere Forschung zu größerer Sicherheit und Klarheit anleiten zu können.

Alle Wandlungen unserer Literatur gleichmäßig berücksichtigend werden wir ihre Ausbildung auch bis auf die Gegenwart herauf begleiten, uns aber stets dessen bewußt bleiben, daß das Erbe unserer klassischen Literatur der Hort ist, der für alle absehbare Zeit die unerschütterliche Grundlage der deutschen Bildung bleiben müsse; und in der verehrungsvollen Hingabe an diese klassische Literatur, in dem Streben zur vollen Erfassung dieser hohen Genien, zum vollen Verständnisse ihrer einzelnen Werke vorzudringen, werden wir unsere eigentliche und schönste Aufgabe erblicken. Durchdrungen von der Überzeugung, daß eine Literatur nur zu ihrem Verderben mit einer so glänzenden Vergangenheit brechen könnte, hoffen wir auch den Freunden der modernen deutschen Dichtung Teilnahme abzugewinnen: indem wir der Vergangenheit treu und demütig dienen, wollen wir auch der Zukunft unserer Literatur hoffnungsvoll und vertrauensstark Nutzen bringen.

Der reichen wissenschaftlichen Produktion der Gegenwart werden wir uns durch kritische Übersichten zu bemächtigen trachten, ohne hier eine bibliographische Vollständigkeit anzustreben, für welche von anderer Seite ausreichend gesorgt ist. Durch längere oder kürzere Rezensionen wichtiger Werke und Aufsätze wollen wir fördernd in den Fortschritt der Wissenschaft eingreifen; denn eine gesunde Forschung kann einer kräftigen unparteiischen Kritik nicht entbehren. Auch hier sollen alle Richtungen zu Worte kommen. Endlich wollen wir durch knapp gefaßte Referate über solche Bücher und Aufsätze, welche in Deutschland schwerer zu erreichen sind (nordamerikanische, slavische, ungarische, auch italienische), unsere Leser über den Fortgang der ausländischen literarhistorischen Produktion auf dem Laufenden zu erhalten suchen.«

Diesem Programm entsprechend zerfällt die Zeitschrift in vier, durch den Druck unterschiedene Abteilungen:

1. Aufsätze allgemeineren Charakters (Darstellendes, Zusammenfassendes, Methodisches ec.).
2. Forschungen, Untersuchungen, Neue Mitteilungen (Briefe, Tagebücher, Urkunden, Texte ec.).
3. Rezensionen und Referate.
4. Bibliographie.

Das Recht der Anonymität, das von Anfang an nur für die Rezensionen und Referate in Aussicht genommen war, wird auf den Wunsch mehrerer Mitarbeiter nun auch auf die übrigen Abteilungen ausgedehnt.

Nicht alle Absichten und Pläne können im Rahmen *eines* Heftes oder auch *eines* Bandes vollständig erreicht werden. Die zahlreiche Unterstützung aber, die mir schon jetzt zu Teil geworden ist, gestattet mir, wenn der Zeitschrift ein günstiges Los beschieden ist, deren Durchführung im Laufe der Zeit in sichere Aussicht stellen zu können.

2. *Wissenschaftliche Pflichten. Aus einer Vorlesung Wilhelm Scherers**

... Die deutsche Philologie hat ein zweifaches Verhältnis zum Leben: erstens durch Einwirkung auf richtigen und kunstmäßigen Gebrauch der deutschen Sprache; zweitens durch Einwirkung auf den deutschen Geschmack. Drittens aber gedenken wir der Aufgabe aller Wissenschaft, nicht bei den Thatsachen stehen zu bleiben, sondern auf ihre Ursachen zu dringen, auf die Gesetze; das

---

* Skizziert im Collegheft der ›Einleitung in die deutsche Philologie‹; ich habe die Schlagworte und abgerissenen Sätze formal etwas abzurunden gesucht.   Erich Schmidt.

Studium der Geschichte unseres geistigen Lebens führt also zu den Quellen unserer Kraft. So ist das Wort zu verstehen: die deutsche Philologie solle der Nation einen Spiegel vorhalten. Der Spiegel zeigt uns, wo Flecken und Schäden sind, damit wir sie verbessern. Man erkennt die Irrwege der Unterschätzung ästhetischer Bildung, sei es eine falsch-nationale Geschmacksrichtung und verkehrte Polemik gegen die klassischen Güter, sei es eine falsch-exakte Richtung auf mechanisches Verfahren. Die deutsche Philologie ist eine Tochter des nationalen Enthusiasmus, eine bescheidene pietätvolle Dienerin der Nation; weder Opernheldin, noch Straßenkehrerin.

Ein Codex philologischer Pflichten kann hier nicht ausgefüllt, nur angedeutet werden. Es gibt eine Berufsmoral, z. B. für das was in Kritik und Polemik erlaubt oder unerlaubt ist. Die Moral des Gelehrtenberufs, nach der Wahrheit zu streben, kennt niedere und höhere Pflichten. Die niederen fordern Genauigkeit, Arbeit nach richtigen Methoden, Streben nach den ersten Quellen, Kritik, überhaupt möglichste Vermeidung von Irrtümern; wie im Einzelnen weit auszuführen wäre. Die höheren gebieten: miß deine Fähigkeiten an dem Stand der Wissenschaft mit dem Entschluß, das Wichtigste zu thun, was am notwendigsten ist unter den Dingen, zu denen du dich befähigt glaubst, ohne Liebhabereien nachzujagen. Wir haben keine Organisation, keine befehlende Stelle, welche dem Einzelnen den richtigen Platz anweist. Er muß ihn sich selbst suchen.

Nun gibt es eine Doktrin, und F. Ritschl hat sie wiederholt, noch in seinem letzten gedruckten Aufsatz vertreten: daß es gleichgiltig sei, wo der Philolog stehe, wenn er nur seine Pflicht thue — oder mit anderen Worten, daß alle Probleme gleich viel wert seien, das kleine so viel wie das große. Es hätte demnach denselben Wert, den Text eines Gaius in seiner erreichbar ursprünglichsten Form herzustellen oder einen namenlosen mittelalterlichen Versmacher zu rezensieren und zu emendieren. Es hätte denselben Wert, eine gute Konjektur zu machen oder das Gesetz der Krafterhaltung zu entdecken: eins wie das andere beruht auf einem glücklichen Einfall. Es wäre ebenso wertvoll, eine neue Entdeckung über Goethe zu machen oder über einen Autor zehnten Ranges, einen beliebigen Schulze oder Müller des 17. Jahrhunderts. Es wäre ebenso wichtig, ein echtes Werk des Praxiteles zu entdecken und sorgfältig zu beschreiben und an seine Stelle zu rücken, oder einen Topf des 4. Jahrhunderts auszugraben und sorgfältig zu beschreiben und ihm seinen Platz in der Geschichte des römischen Kunsthandwerks anzuweisen.

Diese Meinung ist verderblich und aufs äußerste falsch! Allerdings: der junge, der angehende Gelehrte muß gleich willig zu jeder Arbeit sein, für ihn ist das Objekt gleichgiltig, er muß es behandeln lernen, sich Technik und Methode der Forschung aneignen. Der Gelehrte aber, der im Besitz dieser Technik aus der Schule getreten ist und seinen Lebensplan entwerfen soll, wenn der gleichgiltig ist gegen das Objekt, so ist es Sünde gegen die Wissenschaft. Es wären Beispiele zu citieren, wie große Gelehrte ihre Kräfte mutwillig an Nichtigkeiten verschwendet haben.

Wer es gleichgiltig findet, an welcher Stelle man stehe, wenn man nur seine Pflicht thue, der muß auch sagen: es sei im Kriege gleichgiltig, wo der Mann stehe und wie er geführt werde, wenn er nur treufleißig sein Gewehr abschieße und dabei ordentlich ziele.

Die Probleme haben eine dreifache Rangordnung: an sich; nach der zeitweiligen Lage der Wissenschaft; nach den individuellen Fähigkeiten und Neigungen. *Das* wird einer am besten thun, was er am liebsten thut. Das Beste ist aber, alles gleich gern zu thun und dasjenige zu wählen, was am nötigsten erscheint. Jetzt erscheint am nötigsten: zu ergreifen was in der Rangordnung der Probleme an sich zu oberst steht.

Die Philologie gibt Beiträge zur Erkenntnis der menschlichen Natur. Die nötigen Verallgemeinerungen sind zugleich verhältnismäßig sicherer als das Einzelne. Ein ganzes Zeitalter zu schildern kann mit größerer Sicherheit geschehen z. B. für das 12. Jahrhundert, als Ort und Zeit der einzelnen Gedichte zu bestimmen; für letzteres wird sehr viel gearbeitet, für ersteres zu wenig. . . .

Also es ist ein Wahn, daß das Große und das Kleine in der Wissenschaft gleich wertvoll wäre, aber allerdings hat das Kleine und Unscheinbare Bedeutung für große Probleme, und überall bedarf es gleicher Sorgfalt. Doch muß auch vor Kraftverschwendung gewarnt werden . . . Zur Entschuldigung von Übersehenem und von Inkonsequenzen bemerkt Lachmann beim Lichtenstein: »Wie man denn bei einem Werke zweiten oder dritten Ranges leicht versucht wird seine Kräfte zu sparen«.

Zwischen der Gründung einer Disziplin und ihrer weiteren Bildungszeit walten Unterschiede. Zuerst müssen Ausgaben fertig gemacht werden. Jenen Männern wollen wir danken, daß sie nicht zu ängstlich waren. »Man muß auch den Mut des Fehlens haben«, sagt Jakob Grimm, und es bedarf der »Hypothesen«. Das gilt heute noch da, wo neue Anregungen zu geben sind. Wer dergleichen hat, muß heraus damit. Die von der Masse der deutschen Philologen vernachlässigten Gebiete sind jener Epoche der Begründung gleich zu achten.

Es ist Pflicht, den Schatz des Wissens nicht bloß forschend zu vermehren, sondern auch zu bewahren und zu verbreiten. Gefährlich ist zu große und frühe Spezialisierung. Am besten wird eingesetzt bei fruchtbaren, in sich vielseitigen oder bei mehreren kleinen Gegenständen aus verschiedenen Gebieten, mit verschiedenen Arbeitsmethoden. Endlich heißt es: »Sein Urtheil befreit nur, wer sich willig ergeben hat«. Selbständigkeit an sich ist ganz wertlos: sie wird nur wertvoll, wo sie Irrtümer kennen lehrt.

Franz Schultz

Berliner germanistische Schulung um 1900

[1937]

Nur mit Beziehung auf die Jahre 1896–1900 vermag ich aus eigener Erfahrung vom Berliner gemanistischen Seminar zu reden. Von der späteren und heutigen Situation unserer Wissenschaft her, von der Rückschau auf die eigene Entwicklung ergeben sich einige Züge zu dem Bilde des damaligen Seminarunterrichts, die als bezeichnend festgehalten werden mögen.

Noch waren die Geisteswissenschaften nicht durch Methodenstreitigkeiten und grundsätzlich auseinandergehende Wege geteilt. *Ein* Geist herrschte, mochte man sich der Germanistik, der klassischen oder der neueren Philologie, der Geschichtswissenschaft oder der Kunstgeschichte zuwenden. Jene unsägliche Verwirrung und Trübung, die die folgenden Jahrzehnte brachten, dadurch, daß die Geisteswissenschaften die Fragen aufzuwerfen sich gezwungen sahen, *was* sie denn eigentlich zu tun hätten, *wo* ihre »Probleme« lägen und *wie* sie anzufassen wären, blieben uns im wesentlichen noch fern, wenn auch gewisse Bestrebungen nicht übersehen werden konnten, die mit größerer oder geringerer Bewußtheit darauf abzielten, die Selbstsicherheit des philologisch-historischen Weltbildes aufzulösen. Von der Welle der Metaphysizierung der Geisteswissenschaften – Metaphysizierung sowohl in Bezug auf den Gegenstand wie auf die Fragestellung – waren wir noch nicht erfaßt, jedenfalls nicht im akademischen Unterricht. Das systematische philosophische Denken spielte an den Universitäten noch nicht jene allbeherrschende und die »exakten« Einzelwissenschaften zurückdrängende Rolle, die ihm in den folgenden drei Jahrzehnten zufiel. Im Seminar stand der »Stoff« obenan. Der Aufriß der Seminarübungen Erich Schmidts in einem Semester entsprach im wesentlichen dem weitgefaßten und streng fordernden Programm, das er in seiner im ersten Bande der ›Charakteristiken‹ abgedruckten Wiener Antrittsrede über ›Wege und Ziele der deutschen Literaturgeschichte‹ entworfen hatte. Was vorgebracht wurde, mußte Greifbarkeit und Evidenz besitzen. Die Frage nach der »Richtigkeit« bestand noch in voller Schärfe und wurde von der Höhe eines unbestechlichen und sachlichen Richteramtes entschieden. Sie konnte bestehen, weil diese Art der auf das Erfahrbare gestellten Behandlung der deutschen Literatur einem subjektivistischen Gedankenspiel keinen Raum ließ. Doch hierüber sich weiter auszulassen, würde erfordern, daß man alle jenen Fragen anrührte, die mit der Entwicklung der neueren Geisteswissenschaften und insbesondere der Literaturgeschichte über Scherer hinaus zusammenhängen. Wichtiger erscheint es mir, persönliche Eindrücke aus der Technik des Seminarbetriebes festzuhalten und die erziehlichen Einflüsse zu streifen, die von ihm ausgingen. Mir hat sich seit jener Zeit die Überzeugung gebildet, daß die Wirkung des akademischen Lehrers auf unserem Gebiete, zumal im Seminar, nicht durch eine bestimmte »Richtung« und Methode gewährleistet wird, welchen Anspruch auf Neuheit sie auch erheben mögen, sondern nur durch die größere oder geringere Sicherheit, mit welcher der Seminarleiter alle Fäden in der Hand zu halten vermag, unbeschadet des gezügelten Geltenlassens jeder eigentümlichen und starken Begabung unter den Teilnehmern. Ebenso wie für »richtig« und »falsch« gab es auch für »gut« und »schlecht« Maßstäbe, deren Anwendung und Gültigkeit eben auf dem Evidenzcharakter der damaligen Wissenschaft beruhten. Aber diese Maßstäbe hatten auch ihre persönlichen Träger, deren wissenschaftliche Autorität als unerschütterlich galt und wegweisend war. Man darf es ein Unglück für die neuere deutsche Literaturgeschichte nennen, daß Scherer, Erich Schmidt, Minor, Köster, Roethe so früh starben und damit unserer noch jungen Wissenschaft ihre Grundstützen genommen wurden.

Es gab noch kein Proseminar. Wir waren dadurch der Gefahr überhoben, von den schwierigsten Fragen unserer Wissenschaft entweder »in großen Zügen« zu reden oder in die Anfangsgründe ihrer Technik in einer Weise eingeführt zu werden, die von der Dressur im Handwerklichen manchmal nicht sehr verschieden ist. So etwas wie eine »Hochschulpädagogik« tauchte erst entfernt am Horizont auf. War es ein Mangel? Manche, die dem Berufe des Deutschlehrers zustrebten, mögen einen solchen darin gefunden haben, daß die Auswertbarkeit der Wissenschaft für den Unterricht auf den höheren Schulen innerhalb dieser Seminarübungen niemals in Betracht gezogen wurde. Aber auch für sie war der Durchgang durch den Raum der reinen und strengen Wissenschaftlichkeit von konstitutiver und bleibender Wirkung und das beste, was ihnen die Universität mitgeben konnte. Der Aufstieg ins Seminar vollzog sich vom zuhörenden Hospitanten zum arbeitenden Mitglied unsystematisch, aber dennoch organisch. Bei der Anfertigung der Doktorarbeit wurde man nicht gegängelt. Weg und Mache dieser Arbeiten ergaben sich, wenn das Thema gestellt war, beinahe von selbst durch die unverbrüchlichen Grundsätze der philologisch-historischen Forschung und die wissenschaftlichen Pflichten, die aus dem philologischen Ethos folgten. Die Kritik und Beratung des Lehrers setzten ein, wenn die Arbeit im wesentlichen bereits Gestalt gewonnen hatte; ihre embryonenhaften Zustände schämten sich des meisterlichen Blickes. »Material« wurde dem Doktoranden gewiesen, wenn es sich um Handschriftliches und die Zugänge zu solchem handelte. Wer hätte es aber im übrigen gewagt, dem Lehrer mit der Bitte um eine Führung durch die vorhandene wissenschaftliche Literatur zu kommen! So vollzog sich das Reifwerden innerhalb dieser Schule auf dem Wege einer Selbsterziehung im Gemeinschaftsgeiste, eines Findens der eigenen Begabung. »Gut schreiben können« aber war ein von Erich Schmidt besonders anerkanntes Superadditum: die Scherersche Meinung, nach der ein deutscher Professor auch ein deutscher Schriftsteller sein müsse, schlug sich in einer solchen Anerkennung nieder und wurde durch des Meisters eigentümliche schriftstellerische Art immer wieder bestätigt. Aber auch das »Redenkönnen« wurde nicht vernachlässigt. Die Vorträge im Seminar sollten im wesentlichen frei gehalten werden, und das Seminar wurde ausdrücklich auch als eine Übungsstätte für die ungehemmte sachliche Rede betrachtet. Diskussionen mit ihrer häufigen Ausartung in leeres Gerede fanden nicht statt. Überhaupt war die sichtbare Inanspruchnahme der Seminarteilnehmer, abgesehen von dem Leiter und dem Referenten, gering, es sei denn, daß Erich Schmidt plötzlich eine Frage auf ein willkürlich ausgewähltes Haupt niedergehen ließ, die aber immer nur ein Wissen oder Nichtwissen um Tatsächliches feststellen wollte. Man blieb immer bei einem eng umschriebenen Gegenständlichen. Weit hergeholte allgemeine Erörterungen, die das einzelne Thema in einen größeren Rahmen spannen wollten, fanden nicht den Beifall des Leiters. Ich entsinne mich, daß ich ein Referat über Wenzel Scherffer und die Sprache der Schlesier im 17. Jahrhundert zu halten hatte und in einer Einleitung einen zeit- und geistesgeschichtlichen Anlauf zu nehmen suchte, worin Tatsachen und Gesichtspunkte panoramisch zusammengefügt waren, wie Erich Schmidt es bisweilen in seinen Arbeiten selber tat. Aber ich fuhr schlecht. Nach der Frage: »Was soll das?« und der Antwort, es solle sich um eine »allgemeine Übersicht« zu Anfang handeln, hieß es: »So arbeiten wir hier nicht!« Im übrigen wog ein – niemals ausführlicher charakterisierendes, sondern immer nur in ein oder zwei Worte oder eine Geste gekleidetes – Lob um so schwerer. Tadel oder Ablehnung eines Referates waren meistens wortlos. Doch es erschien als ein unheildrohendes Zeichen, wenn Erich Schmidt den Kontext eines Vortrages nicht weiter zu Gehör bringen lassen wollte und erklärte, er wolle das Weitere »parlando« mit dem Referenten abmachen. Die Zeit war viel zu kostbar, die Ökonomie, die über der Stoffverteilung waltete, viel zu peinlich erwogen, als daß Arbeiten, die keine Förderung brachten, Licht und Luft hätten beanspruchen dürfen. Das Goethesche »Ihr sollt etwas lernen!« war der unausgesprochene Leitsatz dieser Übungen. Dazu gehörte freilich, daß der Seminarleiter selber jedes Thema bis in alle Einzelheiten durchgearbeitet hatte. Man lernte nach Stoff und Methode, obwohl es eine nach einheitlichen Gesichtspunkten organisierte Gemeinschaftsarbeit eigentlich nicht gab. Wie kam es dennoch zu den zweifellos großen Erfolgen dieser Seminarübungen? Ihr Geheimnis war nicht die »Erziehung«, sondern nur die Beispielgebung: das Beispiel des Forschens durch den Lehrer selber, das Beispiel der gereiften und begabten Kommilitonen, endlich das Beispiel, das die gedruckten Arbeiten des Professors und andere Arbeiten gaben, die zu kennen als eine Ehrenpflicht galt. Die Anerkennung für eine bewährte Leistung bestand in einer Einladung zur »Germanistenkneipe«, jener regelmäßigen Zusammenkunft von Professoren und Studenten und solcher, die, mehr oder minder berufen, an diesen Kreis Anschluß gefunden hatten. Durch die Aufnahme in ihn empfing man die höheren Weihen. Dort haben wir, respektvoll zuhörend und uns untereinander befruchtend, unsern wissenschaftlichen und überhaupt geistigen Gesichtskreis vielleicht mehr erweitert als im Seminar.

Doch beinahe könnte es scheinen, als sei ich ein befangener *laudator temporis acti.* Heute erkennen wir wohl alle klar, wo die Grenzen des damaligen Berliner germanistischen Unterrichts waren und an welchen Punkten wir diese Grenzen zu überschreiten suchen mußten. Einmal nach seiten der höheren historisch-philologischen Kritik. Ich bekenne, daß ich vor und nach der Promotion in den Seminaren von Vahlen und Scheffer-Boichorst in dieser Beziehung mehr davongetragen habe als aus dem eigentlich germanistischen Unterricht. Daß dem so sein konnte, lag zu einem Teil daran, daß Weinhold in der älteren deutschen Philologie eine eindringliche Interpretation und Kritik und alles, was damit zusammenhing, eigentlich nicht pflegte. Dennoch aber war der Reiz, der von seinen Vorlesungen und Übungen, wenigstens für mich, ausging, sehr stark. Er war seiner Erscheinung nach das, was man sich unter einem »Germanisten« vorstellte. Die Überlieferung, die von dem Altmeister Jakob Grimm ihren Ausgang nahm, schien mit ihm leibhaftig in die moderne Zeit hineinzuragen – mit der romantischen Ehrfurcht vor dem Dunkel-Wuchshaften und Erdtiefen, das in den Denkmälern unserer alten Zeit enthalten war, und mit der wortkargen, aber im Grunde poetischen Sinnigkeit ihrer Ausdeutung ... Noch in anderer Weise mußten wir von diesen Seminarübungen aus weiterschreiten. Die wenigsten von uns konnten mit ihrer eigenen Art, die Wissenschaft zu sehen und zu treiben, oder in ihrer Praxis des akademischen Unterrichts das Vorbild dieser Seminarübungen einfach befolgen. Und es war ja der immanente Sinn dieser Übungen, daß sie die individuelle Kräfteübung befördern wollten. In einer solchen Entwicklung lag nicht nur die Notwendigkeit, mit »der Zeit« Schritt zu halten. Die Begrenztheit, die Forderung des Ausbaues dieser Übungen, sowohl nach organisatorischer wie nach wissenschaftlicher Seite, waren manchem von uns schon in jener Zeit lebhaft gegenwärtig. Manche von uns haben ein strengeres geschichtliches, insbesondere geistesgeschichtliches, und ein umfassenderes systematisches Verfahren sich selber erwerben müssen, haben tiefer in die Geschichte der Philosophie eintauchen und ein begriffliches Denken zu seinem Rechte kommen lassen müssen. Zweierlei aber scheint mir bleibender Gewinn dieser Berliner germanistischen Seminarübungen am Ende des Jahrhunderts für diejenigen geworden zu sein, die sie durchgemacht haben: einmal die Selbstkritik und Selbstkontrolle, die die aus dieser Anleitung hervorgegangenen Jünger nicht leicht auf den Weg eines Irrlichterierens und einer keinerlei Maßstäben mehr unterworfenen Willkür geraten ließ. Zum andern aber wurde – ein bezeichnender Ausgleich! – der Sinn für den »Umgang mit Dichtung« in uns geweckt oder gestärkt. Denn das war die andere Seite der philologischen Analyse von Dichtwerken, die in dem Seminar getrieben wurde: die unausgesprochene, vieler Worte nicht bedürftige Ehrfurcht vor der Poesie, die Erweckung oder Förderung eines urteilenden Geschmackes in Sachen des dichterischen Könnens und – im Zusammenhange damit – auch die wertende Anteilnahme an der Dichtung, die sich um uns regte und uns auf unserem weiteren Wege begleitete.

Wilhelm Dilthey

Die Entstehung der Hermeneutik
[1900]

Ich habe in einer früheren Abhandlung die Darstellung der Individuation in der Menschenwelt besprochen, wie sie von der Kunst, insbesondere der Poesie, geschaffen wird.[1] Nun tritt uns die Frage nach der *wissenschaftlichen* Erkenntnis der Einzelpersonen, ja der großen Formen singulären menschlichen Daseins überhaupt entgegen. Ist eine solche Erkenntnis möglich und welche Mittel haben wir, sie zu erreichen?

---

[1] Oben S. 273 ff. [= Kap. IV – ›Die Kunst als erste Darstellung der menschlich-geschichtlichen Welt in ihrer Individuation‹ – der Abhandlung: ‹Über vergleichende Psychologie. Beiträge zum Studium der Individualität› (1895/96); d. Hrsg.]

Eine Frage von der größten Bedeutung. Unser Handeln setzt das Verstehen anderer Personen überall voraus; ein großer Teil menschlichen Glückes entspringt aus dem Nachfühlen fremder Seelenzustände; die ganze philologische und geschichtliche Wissenschaft ist auf die Voraussetzung gegründet, daß dies Nachverständnis des Singulären zur Objektivität erhoben werden könne. Das hierauf gebaute historische Bewußtsein ermöglicht dem modernen Menschen, die ganze Vergangenheit der Menschheit in sich gegenwärtig zu haben: über alle Schranken der eignen Zeit blickt er hinaus in die vergangenen Kulturen; deren Kraft nimmt er in sich auf und genießt ihren Zauber nach: ein großer Zuwachs von Glück entspringt ihm hieraus. Und wenn die systematischen Geisteswissenschaften aus dieser objektiven Auffassung des Singulären allgemeine gesetzliche Verhältnisse und umfassende Zusammenhänge ableiten, so bleiben doch die Vorgänge von Verständnis und Auslegung auch für sie die Grundlage. Daher sind diese Wissenschaften so gut wie die Geschichte in ihrer Sicherheit davon abhängig, ob das Verständnis des Singulären zur *Allgemeingültigkeit* erhoben werden kann. So tritt uns an der Pforte der Geisteswissenschaften ein Problem entgegen, das ihnen im Unterschiede von allem Naturerkennen eigen ist.

Wohl haben die Geisteswissenschaften vor allem Naturerkennen voraus, daß ihr Gegenstand nicht in den Sinnen gegebene Erscheinung, bloßer Reflex eines Wirklichen in einem Bewußtsein, sondern unmittelbare innere Wirklichkeit selber ist, und zwar diese als ein von innen erlebter Zusammenhang. Doch schon aus der Art, wie in der *inneren Erfahrung* diese Wirklichkeit gegeben ist, entspringen für deren objektive Auffassung große Schwierigkeiten. Sie sollen hier nicht erörtert werden. Ferner kann die innere Erfahrung, in welcher ich meiner eignen Zustände inne werde, mir doch für sich nie meine eigne Individualität zum Bewußtsein bringen. Erst in der Vergleichung meiner selbst mit anderen mache ich die Erfahrung des Individuellen in mir; nun wird mir erst das von anderen Abweichende in meinem eignen Dasein bewußt, und Goethe hat nur allzu recht, daß uns diese wichtigste unter allen unseren Erfahrungen sehr schwer wird und unsere Einsicht über Maß, Natur und Grenzen unserer Kräfte immer nur sehr unvollkommen bleibt. Fremdes Dasein aber ist uns zunächst nur in Sinnestatsachen, in Gebärden, Lauten und Handlungen von außen gegeben. Erst durch einen Vorgang der Nachbildung dessen, was so in einzelnen Zeichen in die Sinne fällt, ergänzen wir dies Innere. Alles: Stoff, Struktur, individuellste Züge dieser Ergänzung müssen wir aus der eignen Lebendigkeit übertragen. Wie kann nun ein individuell gestaltetes Bewußtsein durch solche Nachbildung eine fremde und ganz anders geartete Individualität zu objektiver Erkenntnis bringen? Was ist das für ein Vorgang, der scheinbar so fremdartig zwischen die anderen Prozesse der Erkenntnis tritt?

Wir nennen den Vorgang, in welchem wir aus Zeichen, die von außen sinnlich gegeben sind, ein Inneres erkennen: *Verstehen.* Das ist der Sprachgebrauch; und eine feste psychologische Terminologie, deren wir so sehr bedürfen, kann nur zustandekommen, wenn jeder schon fest geprägte, klar und brauchbar umgrenzte Ausdruck von allen Schriftstellern gleichmäßig festgehalten wird. Verstehen der Natur – interpretatio naturae – ist ein bildlicher Ausdruck. Aber auch das Auffassen eigner Zustände bezeichnen wir nur im uneigentlichen Sinne als Verstehen. Wohl sage ich: ich verstehe nicht, wie ich so handeln konnte, ja ich verstehe mich selbst nicht mehr. Damit will ich aber sagen, daß eine Äußerung meines Wesens, die in die Sinnenwelt getreten ist, mir wie die eines Fremden gegenübertritt und daß ich sie als eine solche nicht zu interpretieren vermag, oder in dem anderen Falle, daß ich in einen Zustand geraten bin, den ich anstarre wie einen fremden. Sonach nennen wir Verstehen den Vorgang, in welchem wir aus sinnlich gegebenen Zeichen ein Psychisches, dessen Äußerung sie sind, erkennen.

Dies Verstehen reicht von dem Auffassen kindlichen Lallens bis zu dem des Hamlet oder der Vernunftkritik. Aus Steinen, Marmor, musikalisch geformten Tönen, aus Gebärden, Worten und Schrift, aus Handlungen, wirtschaftlichen Ordnungen und Verfassungen spricht derselbe menschliche Geist zu uns und bedarf der Auslegung. Und zwar muß der Vorgang des Verstehens überall, sofern er durch die gemeinsamen Bedingungen und Mittel dieser Erkenntnisart bestimmt ist, gemeinsame Merkmale haben. Er ist in diesen Grundzügen derselbe. Will ich etwa Lionardo verstehen, so wirkt hierbei die Interpretation von Handlungen, Gemälden, Bildern und Schriftwerken zusammen, und zwar in einem homogenen einheitlichen Vorgang.

Das Verstehen zeigt verschiedene Grade. Diese sind zunächst vom Interesse bedingt. Ist das Interesse eingeschränkt, so ist es auch das Verständnis. Wie ungeduldig hören wir mancher Auseinandersetzung zu; wir stellen nur einen uns praktisch wichtigen Punkt aus ihr fest, ohne am Innenleben des Redenden ein Interesse zu haben. Wogegen wir in anderen Fällen durch jede Miene, jedes Wort angestrengt in das Innere eines Redenden zu dringen streben. Aber auch angestrengteste Aufmerksamkeit kann nur dann zu einem kunstmäßigen Vorgang werden, in welchem ein kontrollierbarer Grad von Objektivität erreicht wird, wenn die Lebensäußerung fixiert ist und wir so immer wieder zu ihr zurückkehren können. Solches *kunstmäßige Verstehen von dauernd fixierten Lebensäußerungen nennen wir Auslegung oder Interpretation.* In diesem Sinne gibt es auch eine Auslegungskunst, deren Gegenstände Skulpturen oder Gemälde sind, und schon Friedrich August Wolf hatte eine archäologische Hermeneutik und Kritik gefordert. Welcker ist für sie eingetreten, und Preller suchte sie durchzuführen. Doch hebt Preller schon hervor, daß solche Interpretation stummer Werke überall auf die Erklärung aus der Literatur angewiesen ist.

Darin liegt nun die unermeßliche Bedeutung der Literatur für unser Verständnis des geistigen Lebens und der Geschichte, daß in der Sprache allein das menschliche Innere seinen vollständigen, erschöpfenden und objektiv verständlichen Ausdruck findet. Daher hat die Kunst des Verstehens ihren Mittelpunkt in der Auslegung oder *Interpretation der in der Schrift enthaltenen Reste menschlichen Daseins.*

Die Auslegung und die mit ihr untrennbar verbundene kritische Behandlung dieser Reste war demnach der Ausgangspunkt der *Philologie.* Diese ist nach ihrem Kern die *persönliche Kunst und Virtuosität in solcher Behandlung des schriftlich Erhaltenen,* und nur im Zusammenhang mit dieser Kunst und ihren Ergebnissen kann jede andere Interpretation von Denkmalen oder geschichtlich überlieferten Handlungen gedeihen. Über die Beweggründe der handelnden Personen in der Geschichte können wir uns irren, die handelnden Personen selber können ein täuschendes Licht über sie verbreiten. Aber das Werk eines großen Dichters oder Entdeckers, eines religiösen Genius oder eines echten Philosophen kann immer nur der wahre Ausdruck seines Seelenlebens sein; in dieser von Lüge erfüllten menschlichen Gesellschaft ist ein solches Werk immer wahr, und es ist im Unterschied von jeder anderen Äußerung in fixierten Zeichen für sich einer vollständigen

58

und objektiven Interpretation fähig, ja es wirft sein Licht erst auf die anderen künstlerischen Denkmale einer Zeit und auf die geschichtlichen Handlungen der Zeitgenossen.

Diese Kunst der Interpretation hat sich nun ganz so allmählich, gesetzmäßig und langsam entwickelt, als etwa die der Befragung der Natur im Experiment. Sie entstand und erhält sich in der persönlichen genialen Virtuosität des Philologen. So wird sie auch naturgemäß vorwiegend in persönlicher Berührung mit dem großen Virtuosen der Auslegung oder seinem Werk auf andere übertragen. Zugleich aber verfährt jede Kunst nach *Regeln*. Diese lehren Schwierigkeiten überwinden. Sie überliefern den Ertrag persönlicher Kunst. Daher bildete sich früh aus der Kunst der Auslegung die *Darstellung* ihrer *Regeln*. Und aus dem Widerstreit dieser Regeln, aus dem Kampf verschiedener Richtungen über die Auslegung lebenswichtiger Werke und dem so bedingten Bedürfnis, die Regeln zu begründen, entstand die hermeneutische Wissenschaft. Sie ist die *Kunstlehre der Auslegung von Schriftdenkmalen*.

Indem diese die Möglichkeit allgemeingültiger Auslegung aus der Analyse des Verstehens bestimmt, dringt sie schließlich zu der Auflösung des *ganz allgemeinen Problems* vor, mit dem diese Erörterung anhob; neben die Analyse der inneren Erfahrung tritt die des Verstehens, und beide zusammen geben für die Geisteswissenschaften den Nachweis von *Möglichkeit* und *Grenzen* allgemeingültiger Erkenntnis in ihnen, sofern diese durch die Art bedingt sind, in welcher uns psychische Tatsachen ursprünglich gegeben sind.

[...]

Zusätze aus den Handschriften

I.

Verstehen fällt unter den Allgemeinbegriff des Erkennens, wobei Erkennen im weitesten Sinne als Vorgang gefaßt wird, in welchem ein allgemeingültiges Wissen angestrebt wird.

(Satz 1) *Verstehen nennen wir den Vorgang, in welchem aus sinnlich gegebenen Äußerungen seelischen Lebens dieses zur Erkenntnis kommt.*

(Satz 2) *So verschieden auch die sinnlich auffaßbaren Äußerungen seelischen Lebens sein mögen, so muß das Verstehen der-*

*selben durch die angegebenen Bedingungen dieser Erkenntnisart
gegebene gemeinsame Merkmale haben.*

(Satz 3) *Das kunstmäßige Verstehen von schriftlich fixierten
Lebensäußerungen nennen wir Auslegung, Interpretation.*

Die Auslegung ist ein Werk der persönlichen Kunst, und ihre
vollkommenste Handhabung ist durch die Genialität des Ausle-
gers bedingt; und zwar beruht sie auf *Verwandtschaft*, gesteigert
durch eingehendes Leben mit dem Autor, best⟨ändiges⟩ Studium.
So Winckelmann mittels Plato (Justi), Schleiermachers Plato usw.
Herauf beruht das *Divinatorische* in der Auslegung.

Diese Auslegung ist nun nach ihrer angegebenen Schwierigkeit
und Bedeutung der Gegenstand unermeßlicher Arbeit des Men-
schengeschlechts. Die ganze Philologie und Geschichte arbeitet zunächst um usw. Es ist nicht leicht, sich eine Vorstellung von der
unermeßlichen Anhäufung von gelehrter Arbeit zu machen, die
darauf verwandt worden ist. *Und zwar wächst die Kraft dieses
Verstehens im Menschengeschlecht* gerade so allmählich, gesetzmäßig, langsam und schwer wie die Kraft, die Natur zu erkennen
und zu beherrschen.

Aber eben weil diese Genialität so selten ist, Auslegung selber
aber auch von minder Begabten geübt und gelernt sein muß: ist
notwendig,

(Satz 4 a) *daß die Kunst der genialen Interpreten in den Regeln
festgehalten wird, wie sie in ihrer Methode enthalten sind oder
auch wie sie diese sich selber zum Bewußtsein gebracht haben.*
Denn jede menschliche Kunst verfeinert und erhöht sich in ihrer
Handhabung, wenn es gelingt, das Lebensresultat des Künstlers
in irgendeiner Form den Nachfolgenden zu überliefern. Mittel,
das Verstehen kunstmäßig zu gestalten, entstehen nur, wo die
Sprache eine feste Grundlage gewährt und große, dauernd wert-
volle Schöpfungen vorliegen, welche durch verschiedene Interpretation Streit hervorrufen: *da muß der Widerstreit zwischen genialen Künstlern der Auslegung durch allgemeingültige Regeln Auflösung suchen.* Gewiß ist das am meisten für die eigene Auslegungskunst Anregende die Berührung mit dem genialen Ausleger
oder seinem Werk. Aber die Kürze des Lebens fordert eine Abkür-
zung des Wegs durch die Festlegung gefundener Methoden und
der in ihnen geübten Regeln. *Diese Kunstlehre des Verstehens
schriftlich fixierter Lebensäußerungen nennen wir Hermeneutik*
(Satz 4 b).

So kann das Wesen der Hermeneutik bestimmt und ihr Betrieb in einem gewissen Umfang gerechtfertigt werden. Wenn sie nun doch nicht den Grad von Interesse heute zu erregen scheint, der ihr von seiten der Vertreter dieser Kunstlehre gewünscht wird, so scheint mir das daran zu liegen, daß sie Probleme nicht in ihren Betrieb aufgenommen hat, welche aus der heutigen wissenschaftlichen Lage entspringen und ihr einen hohen Grad von Interesse zuzuführen geeignet sind. Diese Wissenschaft ⟨Hermeneutik⟩ hat ein sonderbares Schicksal gehabt. Sie verschafft sich immer nur Beachtung unter einer großen geschichtlichen Bewegung, welche solches Verständnis des singularen geschichtlichen Daseins zu einer dringenden Angelegenheit der Wissenschaft macht, um dann wieder im Dunkel zu verschwinden. So geschah es zuerst, als die Auslegung der heiligen Schriften des Christentums dem Protestantismus eine Lebensfrage war. Dann im Zusammenhang der Entwicklung des geschichtlichen Bewußtseins in unserem Jahrhundert wird sie von Schleiermacher und Böckh eine Zeit hindurch neubelebt, und ich habe noch die Zeit erlebt, in welcher Böckhs Enzyklopädie, welche ganz von diesen Problemen getragen war, als notwendiger Eingang in das Allerheiligste der Philologie galt. Wenn nun schon Fr. Aug. Wolf sich abschätzig über den Wert der Hermeneutik für die Philologie aussprach und wenn auch tatsächlich seitdem diese Wissenschaft nur spärliche Fortbildner und Vertreter gefunden hat: so hat eben ihre damalige Form sich ausgelebt. Aber in einer neuen und umfassenderen Form tritt uns das Problem, das in ihr wirksam war, heute wieder entgegen.

(Satz 5) *Verstehen, in dem nun anzugebenden weiten Umfang genommen, ist das grundlegende Verfahren für alle weiteren Operationen der Geisteswissenschaften* ... Wie in den Naturwissenschaften alle gesetzliche Erkenntnis nur möglich ist durch das Meßbare und Zählbare in den Erfahrungen und in diesen enthaltenen Regeln, so ist in den Geisteswissenschaften jeder abstrakte Satz schließlich nur zu rechtfertigen durch seine Beziehung auf die seelische Lebendigkeit, wie sie im Erleben und Verstehen gegeben ist.

Ist nun das Verstehen grundlegend für die Geisteswissenschaften, so ist (Satz 6) *die erkenntnistheoretische, logische und methodische Analyse des Verstehens für die Grundlegung der Geisteswissenschaften eine der Hauptaufgaben.* Die Bedeutung dieser Aufgabe tritt aber erst ganz hervor, wenn man die Schwierigkeiten, welche die Natur des Verstehens in bezug auf die Ausübung einer allgemeingültigen Wissenschaft enthält, sich zum Bewußtsein bringt.

Jeder ist in sein individuelles Bewußtsein eingeschlossen gleichsam, dieses ist individuell und teilt allem Auffassen seine Subjektivität mit. Schon der Sophist Gorgias hat das hier liegende Problem so ausgedrückt: gäbe es auch ein Wissen, so könnte der Wissende es keinem anderen mitteilen. Ihm freilich endigt mit dem Problem das Denken. Es gilt, es aufzulösen. Die Möglichkeit, ein Fremdes aufzufassen, ist zunächst eines der tiefsten *erkenntnistheoretischen* Probleme. Wie kann eine Individualität eine ihr sinnlich gegebene fremde individuelle Lebensäußerung zu allgemeingültigem objektivem Verständnis sich bringen? Die Bedingung, an welche diese Möglichkeit gebunden ist, liegt darin, daß in keiner fremden individuellen Äußerung etwas auftreten kann, das nicht auch in der auffassenden Lebendigkeit enthalten wäre. Dieselben Funktionen und Bestandteile sind in allen Individualitäten, und nur durch die Grade ihrer Stärke unterscheiden sich die Anlagen der verschiedenen Menschen. Dieselbe äußere Welt spiegelt sich in ihren Vorstellungsbildern. In der Lebendigkeit muß also ein Vermögen enthalten sein. Die Verbindung usw., Verstärken, Vermindern – Transposition ist Transformation.

Zweite Aporie. Aus dem *Einzelnen das Ganze,* aus dem Ganzen doch wieder das Einzelne. Und zwar das Ganze eines Werkes fordert Fortgang zur Individualität ⟨des Urhebers⟩, zur Literatur, mit der sie in Zusammenhang steht. Das vergleichende Verfahren läßt mich schließlich erst jedes einzelne Werk, ja den einzelnen Satz tiefer verstehen, als ich ihn vorher verstand. So aus dem Ganzen das Verständnis, während doch das Ganze aus dem Einzelnen.

Dritte Aporie. Schon jeder einzelne seelische Zustand wird von uns nur verstanden von den äußeren Reizen aus, die ihn hervorriefen. Ich verstehe den Haß von dem schädlichen Eingriff in ein Leben. Ohne diesen Bezug wären Leidenschaften von mir gar nicht vorstellbar. So ist das Milieu für das Verständnis unentbehrlich. Aufs höchste getrieben, ist Verstehen so nicht vom Erklären unterschieden, sofern ein solches auf diesem Gebiete möglich ist. Und das Erklären hat wieder die Vollendung des Verstehens zu seiner Voraussetzung.

In all diesen Fragen kommt zum Vorschein: das *erkenntnis-*

theoretische Problem ist überall dasselbe: allgemeingültiges Wissen aus Erfahrungen. *Es tritt aber hier unter die besonderen Bedingungen der Natur von Erfahrungen in den Geisteswissenschaften.* Diese sind: die Struktur als Zusammenhang ist im Seelenleben das Lebendige, Bekannte, von welchem aus das Einzelne.

So steht an der Pforte der Geisteswissenschaften als ein erkenntnistheoretisches Hauptproblem die Analysis des Verstehens. *Indem die Hermeneutik von diesem erkenntnistheoretischen Problem ausgeht und ihr letztes Ziel in seiner Auflösung sich steckt, tritt sie zu den großen, die heutige Wissenschaft bewegenden Fragen von der Konstitution und dem Rechtsgrund der Geisteswissenschaften in ein inneres Verhältnis.* Ihre Probleme und Sätze werden lebendige Gegenwart.

Die Auflösung dieser erkenntnistheoretischen Frage führt auf das *logische Problem* der Hermeneutik.

Auch dieses ist natürlich überall dasselbe. Es sind selbstverständlich (gegen meine Auffassung bei Wundt) dieselben elementaren logischen Operationen, die in den Geistes- und Naturwissenschaften auftreten. Induktion, Analysis, Konstruktion, Vergleichung. Aber darum handelt es sich nun, welche besondere Form sie innerhalb des Erfahrungsgebiets der Geisteswissenschaften annehmen. Die Induktion, deren Data die sinnlichen Vorgänge sind, vollzieht sich hier wie überall auf der Grundlage eines Wissens von einem Zusammenhang. Dieser ist in den physikalisch-chemischen Wissenschaften die mathematische Kenntnis quantitativer Verhältnisse, in den biologischen Wissenschaften die Lebenszweckmäßigkeit, in den Geisteswissenschaften die Struktur der seelischen Lebendigkeit. So ist diese Grundlage nicht eine logische Abstraktion, sondern ein realer, im Leben gegebener Zusammenhang; dieser ist aber individuell, sonach subjektiv. Hierdurch ist Aufgabe und Form dieser Induktion bestimmt. Eine nähere Gestalt empfangen dann ihre logischen Operationen durch die Natur des sprachlichen Ausdrucks. So spezifiziert sich auf dem engeren sprachlichen Gebiet die Theorie dieser Induktion durch die Theorie der Sprache: die Grammatik. Besondere Natur der Bestimmung von dem (aus Grammatik) bekannten Zusammenhang, von in bestimmten Grenzen unbestimmten (variablen) Wortbedeutungen und syntaktischen Formelementen aus. Ergänzung dieser Induktion auf das Verständnis des Singularen als eines Ganzen (Zusammenhangs) durch die vergleichende Methode, welche das Singulare bestimmt und durch die Verhältnisse zu dem anderen Singularen seine Auffassung objektiver macht.

Ausbildung des Begriffes der *inneren Form*. Aber ⟨Vordringen⟩ zu Realität notwendig = die innere Lebendigkeit, welche hinter der inneren Form des einzelnen Werks und dem Zusammenhang dieser Werke steckt. Diese ist in verschiedenen Zweigen der Produktion verschieden. Beim Dichter das schaffende Vermögen, beim Philosophen der Zusammenhang von Lebens- und Weltanschauung, bei großen praktischen Menschen ihre praktische Zweckstellung zur Realität, bei Religiösen usw. (Paulus, Luther.)

Damit Zusammenhang der Philologie mit höchster Form des geschichtlichen Verstehens. Auslegung und historische Darstellung nur zwei Seiten der enthusiastischen Vertiefung. Unendliche Aufgabe.

So überliefert die Untersuchung des Zusammenwirkens der allen Erkenntnissen gemeinsamen Prozesse und ihrer Spezifikation unter den Bedingungen des Verfahrens ihr Ergebnis an die *Methodenlehre*. Ihr Gegenstand ist die geschichtliche Ausbildung der Methode und ihre Spezifikation in den einzelnen Gebieten von Hermeneutik. Ein Beispiel. Die Auslegung der Dichter ist eine besondere Aufgabe. Aus der Regel: besser verstehen, als der Autor sich verstanden hat, löst sich auch das Problem von der Idee in einer Dichtung. Sie ist (nicht als abstrakter Gedanke, aber) im Sinne eines unbewußten Zusammenhangs, der in der Organisation des Werkes wirksam ist und aus dessen innerer Form verstanden wird, vorhanden; ein Dichter braucht sie nicht, ja wird nie ganz bewußt sein; der Ausleger hebt sie heraus und das ist vielleicht der höchste Triumph der Hermeneutik. *So muß die gegenwärtige Regelgebung, welche für Herbeiführung von Allgemeingültigkeit das einzige Verfahren ist, ergänzt werden durch Darstellung der schöpferischen Methoden genialer Ausleger auf den verschiedenen Gebieten.* Denn hierin liegt die anregende Kraft. *Bei allen Methoden der Geisteswissenschaften ist dieses durchzuführen.* Der Zusammenhang ist dann: *Methode der schöpferischen Genialität.* Die von ihr schon gefundenen *abstrakten Regeln, welche subjektiv bedingt sind.* Die Ableitung einer allgemeingültigen Regelgebung von erkenntnistheoretischer Grundlage aus.

Die hermeneutischen Methoden haben schließlich einen Zusammenhang mit der literarischen, philologischen und historischen Kritik, und dieses Ganze leitet zu *Erklärung* der singularen Erscheinungen über. Zwischen Auslegung und Erklärung ist nur gradweiser Unterschied, keine feste Grenze. Denn das Verstehen ist eine unendliche Aufgabe. Aber in den Disziplinen liegt die Grenze darin, daß Psychologie und Wissenschaft von Systemen nun als abstrakte Systeme angewandt werden.

Nach dem Prinzip der Unabtrennbarkeit von Auffassen und Wertgeben ist *mit dem hermeneutischen Prozeß die literarische Kritik notwendig verbunden, ihm immanent.* Es gibt kein Verstehen ohne Wertgefühl – aber nur durch Vergleichung wird der Wert objektiv und allgemeingültig festgestellt. Dies bedarf dann Feststellung des in der Gattung z. B. Drama Normativen. Die philologische Kritik geht dann hiervon aus. Die Angemessenheit wird im ganzen festgestellt, und widersprechende Teile werden ausgeschieden. Lachmann, Ribbecks Horaz usw. Oder aus anderen Werken eine Norm, die unangemessenen Werke ausgeschieden; Shakespeare-Kritik. Plato-Kritik.

Also ist die ⟨literarische⟩ Kritik die Voraussetzung der philologischen: denn eben aus dem Anstoß an Unverständlichem und Wertlosem entsteht ihr Antrieb, und die ⟨literarische⟩ Kritik hat als ästhetische Seite der philologischen an dieser ihr Hilfsmittel. Die *historische* Kritik ist nur Eine Branche der Kritik wie die ästhetische in ihrem Ausgangspunkt. Nun, wie hier, überall Fortentwicklung, wie dort zur Literaturgeschichte, Ästhetik usw., so hier zur Geschichtschreibung usw.

II.

Philologie, ist, wie Böckh mit Recht sagt: »das Erkennen des vom menschlichen Geist Produzierten« (Enzyklopädie 10). Fügt er paradox hinzu: »d. h. des Erkannten«: so beruht diese Paradoxie auf der falschen Voraussetzung, daß Erkanntes und Produziertes dasselbe sei. In Wirklichkeit wirken in der Produktion alle geistigen Kräfte zusammen, und in einer Dichtung oder einem Brief des Paulus ist mehr als Erkenntnis.

Faßt man den Begriff im weitesten Sinne, so ist Philologie nichts anderes als der Zusammenhang der Tätigkeiten, durch welche das Geschichtliche zum Verständnis gebracht wird. Sie ist dann der Zusammenhang, welcher auf Erkenntnis des Singularen gerichtet ist. Auch der Staatshaushalt der Athener ist ein solches Singulares, auch wenn er sich als ein in allgemeinen Verhältnissen darstellbares System zeigt.

Die Schwierigkeiten, welche in diesen Begriffen liegen, sind aus dem Verlauf der Entwicklung der Disziplin Philologie und der Disziplin Geschichte auflösbar.

Einverstanden muß jeder mit dem durchgreifenden Unterschied zwischen der Erkenntnis des Singularen als eines an sich Wertvollen und der Erkenntnis des allgemeinen systematischen Zusammenhangs der Geisteswissenschaften sein. Diese *Grenzregulierung ist ganz klar*. Denn daß dabei Wechselwirkung besteht und auch Philologie der systematischen Sachkenntnis der Politik usw. bedarf, ist selbstverständlich (gegen Wundt).

Philologie bildete sich nun aus als die Erkenntnis des in schriftstellerischen Werken Gegebenen. Traten die Denkmale hinzu, so war das, was Schleiermacher symbolisierende Tätigkeit nannte, ihr Gegenstand. Geschichte begann ihrerseits mit politischen Handlungen, Kriegen, ..., Verfassungen. Aber diese *Sonderung nach Inhalten* wurde überschritten, als die Philologie als *praktische Disziplin* auch Staatsaltertümer in ihren Bereich zog. Andererseits entwickelte sich der Unterschied von methodischen Tätigkeiten und schließlich geschichtlicher Darstellung. Aber auch dieser Unterschied wurde von der *praktischen Disziplin* überschritten, sofern sie die antike Literatur und Kunstgeschichte in ihren Bereich zog. *So handelt es sich zwischen Philologie und Geschichte um Grenzregulierung*. Diese ist nur möglich, wenn man das praktische Interesse der Fakultätswissenschaft aus dem Spiel läßt. Dann am besten Usener.

Wenn wir nun einen ganzen Vorgang der Erkenntnis des Singularen als Einen Zusammenhang begreifen *müssen*, so entsteht die Frage, ob man im Sprachgebrauch *Verstehen und Erklären* sondern könne. Dies ist unmöglich, da allgemeine Einsichten durch ein der Deduktion analoges Verfahren, nur ungelöst, als Sachkenntnis in jedem Verstehen mitwirken, nicht bloß psychologische, sondern auch usw. Sonach haben wir es mit einer *Stufenfolge* zu tun. Da, wo bewußt und *methodisch die allgemeinen Einsichten angewandt werden, um das Singulare zu allseitiger Erkenntnis zu bringen*, erhält der *Ausdruck Erklären für die Art der Erkenntnis des Singularen seinen Ort*. Er ist aber nur berechtigt, sofern wir uns bewußt halten, daß von einer vollen Auflösung des Singularen in das Allgemeine nicht die Rede sein kann.

Hier löst sich die Streitfrage, ob die Besonnenheit psychischer Erfahrungen das Allgemeine sei, das dem Verstehen zugrunde liege, oder die Wissenschaft der Psychologie. Vollendet sich die Technik des Erkennens des Singularen als Erklären, so ist die Wissenschaft der Psychologie ebenso die Grundlage als die anderen systematischen Geisteswissenschaften. Dies Verhältnis habe ich schon an der Geschichte nachgewiesen.

III.

Das Verhältnis der Kunstlehre zu dem Verfahren der Auslegung selbst ist hier ganz dasselbe, das Logik oder Ästhetik uns zeigen. Das Verfahren wird durch die Kunstlehre auf Formeln gebracht, und diese werden auf den Zweckzusammenhang zurückgeführt, in welchem das Verfahren entsteht. Durch eine solche Kunstlehre wird jedesmal die Energie der geistigen Bewegung verstärkt, deren Ausdruck sie ist. Denn die Kunstlehre erhebt das Verfahren zur bewußten Virtuosität; sie entwickelt es zu den durch die Formel ermöglichten Konsequenzen; indem sie die Rechtsgründe desselben zur Erkenntnis bringt, steigert sie die Selbstgewißheit, mit der es geübt wird.

Tiefer aber reicht eine andere Wirkung. Wir müssen, um diese Wirkung zu erkennen, über die einzelnen hermeneutischen Systeme hinaus zu deren geschichtlichem Zusammenhang fortschreiten. Jede Kunstlehre ist auf das in einem bestimmten Zeitraum geltende Verfahren eingeschränkt, dessen Formel sie entwickelt. So entsteht für Hermeneutik und Kritik, für Ästhetik und Rhetorik, für Ethik und Politik, sobald das geschichtliche Denken hierzu reif geworden ist, die Aufgabe, schließlich die ältere Grundlegung aus dem Zweckzusammenhang durch eine neue geschichtliche zu ergänzen. Das geschichtliche Bewußtsein muß sich über das Verfahren einer einzelnen Zeitepoche erheben, und es kann dies leisten, indem es alle voraufgegangenen Richtungen innerhalb des Zweckzusammenhangs der Interpretation und Kritik, der Poesie und der Beredsamkeit in sich versammelt, gegeneinander abwägt und abgrenzt, ihren Wert aus ihrem Verhältnis zu diesem Zweckzusammenhang selbst aufklärt, die Grenzen, in welchen sie seiner menschlichen Tiefe genügen, bestimmt, und so schließlich alle diese geschichtlichen Richtungen innerhalb eines Zweckzusammenhangs als eine Reihe in ihm enthaltener Möglichkeiten begreift. Für diese geschichtliche Arbeit ist es nun aber von entscheidender Bedeutung, daß sie mit den Formeln der Kunstlehre als mit Abbreviaturen geschichtlicher Richtungen rechnen darf. So liegt also in dem Denken über das Verfahren, durch welches ein Zweckzusammenhang die in ihm enthaltenen Aufgaben zu lösen vermag, eine innere Dialektik, welche dies Denken durch geschichtlich begrenzte Richtungen hindurch, durch Formeln hindurch, welche diesen Richtungen entsprechen, fortschreiten läßt zu einer Universalität, die immer und überall an das geschichtliche Denken gebunden ist. So wird hier, wie überall das geschichtliche Denken selber schöpferisch, indem es die Tätigkeit des Menschen in der Gesellschaft über die Grenzen des Momentes und des Ortes erhebt.

Dies ist der Gesichtspunkt, unter dem das geschichtliche Studium der hermeneutischen Kunstlehre mit dem des auslegenden Verfahrens verbunden ist, beide zusammen aber mit der systematischen Aufgabe der Hermeneutik zusammenhängen.

GUSTAV ROETHE

Deutsches Heldentum
[1906]

[. . .]

Der neue Held wird geboren im Wehen des Sturmes und Dranges. Ich möchte ihn den *Schöpfer* nennen. Das jugendlich heroische Kraftgefühl des ganzen vollen Menschen, den die Griechen, den Shakespeare und Shaftesbury, den Rousseau und Voltaire befreit haben, reckt machtvoll die Glieder und drängt zur Verkörperung. Dieser Geist fühlt sich stark genug, sich zu erweitern zu einer Welt, aus der eignen Brust eine bessere Welt zu gebären, Menschen zu schaffen nach seinem Bilde. Und den Schöpfungsgenuß, den sie selbst empfinden, teilen die Dichter auch den Helden mit, die sie schaffen: mit heiter spielender Souveränität bildet Kleists Großer Kurfürst die Menschen, die er braucht. Schöpfer aber ist Gott. So ist der Titan, der den Olympiern das himmlische Feuer entwendet, fast mit Notwendigkeit einer der ersten Typen dieses Heldentums geworden. Prometheus wird erliegen: wer zweifelt? Aber der Untergang hat den Helden noch nie geschreckt. Und auch Goethes Faust sollte ursprünglich gewiß zur Hölle fahren, doch in Ehrfurcht begrüßt von den höllischen Heerscharen: »töne, Schwager, ins Horn, daß der Orkus vernehme: wir kommen, daß gleich an der Tür der Wirt uns freundlich empfange«. Die Selig-

keit der Kraftentfaltung ist so groß, daß die Tragik *dieses* Über-
menschentums überbraust wird. Mit Gott zu wetteifern ist Selbst-
genuß und Ehre auch dem Unterliegenden.

Eine viel härtere Probe wird andern nicht erspart. Die Ge-
schöpfe empören sich gegen den Schöpfer: Zacharias Werner
wollte das in seinem Waidewuthis gigantisch-grauenhaft gestalten.
Und sein Attila, ein starrer Heros des Rechts, stürzt, weil sein
Wille zum Recht ihn vor Unrecht nicht behütet. Als Klingers
Faust in die Speichen der Weltregierung eingreift, als Karl Moor
Rache zu seinem Gewerbe macht, da müssen sie erleben, daß sie
an sich selbst irre werden: und das ist das Ende. Jenes Faust
unreine Seele hat ihr Schicksal verdient; des Räubers Moor Enthusiasmus, freilich aus der Verzweiflung geboren, war doch ein
reiner, weltumschaffender Enthusiasmus. Er muß erfahren, wie
Erdenschmutz sich dem Gedanken anhängt, der Fleisch wird: —
und er geht an den Menschen zugrunde.

Es lebt in diesen Stürmern, deren älterer Kreis meist auch von
der Aufklärung genährt war, viel praktischer Drang. Daß der
Gott, der über allen ihren Kräften thront, nach außen nichts bewegen soll, sie mögen das nicht glauben. Sie bevorzugen das
Drama vor dem Roman. Vom Gedanken wollen sie zur Tat.
Grade problematische Naturen wie Herder und Lenz zeigen das
am drastischsten; man blicke nur in das Reisejournal und die
Briefe, die Herder auf seiner träumereichen Pariser Reise geschrieben hat: will ihn nur die große Catharina hören, Livland, ja
Rußland wird er reformieren. Und spricht Marquis Posa etwa
die Wahrheit, als er vor dem König jede Neigung zur Neuerung
ableugnet?

> Das Jahrhundert
> Ist meinem Ideal nicht reif. Ich lebe
> Ein Bürger derer, welche kommen werden.

Die Wahrheit ist das nicht, aber vielleicht der Trost. Scheitert
das Schaffen dieses Helden an der schwerbeweglichen Masse, an
der Starrheit des Bestehenden, so gibt ihm die Gewißheit einen
Halt, daß er hilft, neue bessere Zeiten heraufzuführen; ihm gehört die Zukunft.

Auch ein anderer Gedanke mildert diesen Helden ihr Schicksal.
Nicht nur Prometheus hat Menschen seinen Odem eingehaucht,
auch Shakespeare. Der Künstler schafft wie ein Gott, und sein

Werk ist unabhängig von dem Unverstand der Menschen. Die Künstler und Weisen von Hellas, haben sie nicht alle Kultur geschaffen? So ist es Schillers heroischem Geist keine Entsagung, wenn er nur wirkt durch die Kraft des Geistes. Und die Zuversicht des schaffenden Genies steigert sich unerhört, seit die Philosophie Fichtes, gleichfalls einer heroischen Natur, das Ich zur einzigen Realität, das Nicht-Ich, die Welt, nur zur Schöpfung dieses allgewaltigen Ich zu machen scheint. In seiner halbverstandenen und stark übertriebenen Lehre berauscht sich die alte Romantik. Heinrich von Ofterdingen, der geniale Dichter, wie ihn Novalis sah, sollte durch ein ewiges »Stirb und Werde« ungemessene Schaffenskraft entwickeln: ihm war es beschieden, das Sonnenreich der Zeitlichkeit zu zerstören und die goldene Zeit heraufzuführen. Selige Träume!

Der derbe Ardinghello, eine Künstlernatur von kräftiger Sinnlichkeit, erreicht ein bescheidneres Ziel: mit guten Genossen begründet er im Engen auf seligen Inseln des ägäischen Meeres das glücklichste Leben in reiner griechischer Natur und Kunst. Ja, wenn es dort ewige Jugend gäbe! So sollte ein unüberwindliches Schicksal auch dieses Halbgötteridyll zerstören. Und als Hyperion in verzehrender Sehnsucht zu dem geliebten Lande der Götter und Heroen strebt, als er sein griechisches Vaterland erretten will, da türmt sich wieder unüberwindlich die Erbärmlichkeit der Menschen zwischen ihn und sein Ziel. Daran geht er zugrunde und mit ihm sein Dichter, dessen Leib dem leidenschaftlichen Drange der Heldenseele nicht gewachsen ist. Gnädig umhüllt der Wahnsinn den Geist, der es nicht ertragen konnte, daß Ideal nie Wirklichkeit ist noch werden kann.

Noch heute stehn wir unter dem Banne dieses Heldentums. Klassiker und Romantiker haben zusammengewirkt, uns das Bild des schöpferischen Einzelnen zu schenken. War der alte *Recke* ein Vertreter der *Vergangenheit,* in der er sein willig ihm folgendes Volk geführt hat, war der *Ritter* das Musterbild für eine *Gegenwart,* die von der Menge gar nichts wußte, so wirkt dieser geistige, genial schöpferische Held der neuen Zeit, ob zuversichtlich, ob zweifelnd, für die *Zukunft,* mit jenem Mut, der früher oder später den Widerstand der stumpfen Welt besiegt. Dieser Held hat seinen schlimmsten Feind an den Vielen, den viel zu Vielen. Das haben schon Goethe und Schiller gewußt und sich damit abgefunden. Aber das Wissen steigert sich zum härtesten

Druck und Gegendruck in dem letzten großen Vertreter dieser heroischen Weltanschauung. Erschüttert ruht unser Blick auf dem Heldengrabe Zarathustras. Dampft erstickter Titanen Atem den Göttern noch immer wohlgefälligen Opferruch? Leise flüstern wir die Mahnung eines Größeren:

Erkenne Dich! Leb mit der Welt in Frieden!

Das Problem des Einzelnen, der immer etwas vom Helden haben muß, um sich zu behaupten, im Gegensatz zu den Vielen, die immer gleichgültiger werden, je mehr sie sind, dies Problem beherrscht das 19. Jahrhundert. Es ist sehr charakteristisch, daß selbst die demokratische politische Lyrik bis in die sechziger Jahre nach dem Helden ruft. Das Jahrhundert glaubte an den Helden, nahm seine Partei. Nein, die Pygmäen binden den Herakles nicht. Wir Älteren, die wir den Helden der Tat erlebt haben, der Recke war, Ritter und Schöpfer, voll der heroischen Kälte des Discreto und doch auch reich an der lebenerzeugenden Wärme der Romantik, wir können am Helden nie irre werden. Aber auch Bismarcks schöpferische Kraft hat sich einst jugendlich vollgesogen an jenem Schaffensdrang klassisch-romantischen Heldentums, dem wir die unerhörteste Produktion deutschen Geisteslebens verdanken.

Jetzt scheinen die Tage des Helden wieder vorüber. Kaum ruft man nach ihm. Die Literatur interessiert sich nicht für ihn, und wir müssen schon mit Detektivs und Forschungsreisenden vorlieb nehmen, wenn wir nach literarischen Helden ohne Furcht und Tadel uns umtun. Der widerliche Trieb der Gleichmacherei, der unter der Maske der Gerechtigkeit die Unterschiede von Groß und Klein, Schön und Häßlich, Mann und Weib am liebsten verwischen möchten, beherrscht die Welt: er verabscheut den Helden. Wie aber der Held aussieht, von dem Chidher der Ewigjunge hören und lesen wird, kommt er in aber 500 Jahren durch unser liebes Deutschland gefahren, wer will das ahnen? Aber daß dann wieder ein Heldenideal geboren sein wird, dessen bin ich gewiß, wenn wir Deutsche Deutsche bleiben. Inzwischen freuen wir uns der schönen Entwicklung, daß der deutsche Held, der begonnen hatte mit wehmütigen Rückblicken auf große Vergangenheit, für uns endet mit dem Vertrauen auf große Zukunft.

1. Ernst Elster: Über den Betrieb der deutschen Philologie an unseren Universitäten

[...] welche neuen Ziele hat sich die germanistische *Wissenschaft*, und welche der germanistische *Lehrbetrieb* auf den Universitäten zu setzen? Beides geht vielfach ineinander über, und so sehr ich auch den akademischen Lehrbetrieb als eigentliche Hauptsache der folgenden Darlegungen ansehen werde, so möchte ich doch nicht auf einige weitere Ausblicke verzichten. Die Erörterung der allgemeinen Aufgaben der germanistischen Wissenschaft und die des akademischen Betriebes dieser Wissenschaft lassen sich gar nicht voneinander trennen. Hier hat nun die historische Entwicklung der letzten 30 Jahre ganz bedeutende Änderungen bewirkt, die im wesentlichen darauf zurückgehen, daß die Geschichte der neueren Literatur, die früher mit mancherlei Vorurteilen zu kämpfen hatte, immer mehr ein bevorzugter Lehrgegenstand geworden ist. Das Gebiet der deutschen Philologie ist so groß geworden, daß ein einzelner kaum noch überall heimisch werden kann; und die Arbeit, die in den verschiedenen Bezirken des weiten Reiches zu verrichten ist, ist sehr verschieden. Gleichwohl würde ich es für Lehrer wie Lernende als verhängnisvoll betrachten, wenn die Kenner des einen Gebietes den Überblick über das andere verlieren würden, mit anderen Worten: wenn die Vertreter des Neudeutschen die strenge Zucht der philologischen Arbeit vergäßen, oder wenn die Vertreter des Altdeutschen den Gewinn neuer Methoden und Einsichten, den ihnen ihre jüngeren Brüder zu bieten vermögen, nicht würdigten. Die deutsche Philologie muß ein einheitliches Ganzes bleiben, wenn sie sich ersprießlich betätigen soll.

Auf den beiden Hauptgebieten dieser weitumfassenden einheitlichen Wissenschaft ist mit sehr verschiedenem Erfolge gearbeitet worden: die germanistische Sprachforschung hat Ausgezeichnetes geleistet, die Literaturforschung ist vor Irrtümern nicht bewahrt geblieben. Ich darf daher über die linguistische Seite der deutschen Philologie mit wenigen Worten hinweggehen: hier gilt es vor allem einen kostbaren Besitz treulich zu wahren. Es ist das große Verdienst der Germanistik gewesen, daß sie früher als die klassische Philologie die enge Verbindung mit der vergleichenden Sprachwissenschaft als eine unerläßliche Forderung angesehen, und daß sie ihren Erkenntnissen auf diese Weise eine Breite und Tiefe gegeben hat, durch die sie die Leistungen auf den Nachbargebieten überragte. Neben der Grammatik hat die Wortforschung und Etymologie Hervorragendes zutage gefördert, und auch die Dialektforschung ist zu ganz neuen Einsichten gelangt. Nur mit dem, was die Kandidaten im künftigen Berufe am meisten gebrauchen: mit der neuhochdeutschen Grammatik ist es nicht immer gut bestellt gewesen. Die Laut- und Formenlehre kann freilich den Kennern der älteren Sprachperioden keine Schwierigkeiten bereiten, aber mit dem syntaktischen Wissen hapert es oft ganz bedenklich. Den zahllosen Schwankungen des Sprachgebrauchs stehen viele ratlos, viele auch ganz gleichgültig gegenüber, und in den Prüfungen erleben wir, wenn wir auf diese Fragen zu sprechen kommen, oft recht merkwürdige Dinge. Leider sind manche der Bücher, die hier Abhilfe zu schaffen versuchen, nur halbwissenschaftlichen Charakters. Hier sollte, meine ich, der akademische Unterricht etwas entschiedener einsetzen; die aufzuwendende Mühe wäre nicht bedeutend und der Gewinn für die Schule gewiß nicht gering anzuschlagen.

Ungleich wichtigere und schwierigere Aufgaben haben die Vertreter der Literaturwissenschaft zu lösen. Für sie handelt es sich nicht darum, zu erwägen, ob dieser oder jener Teil ihres Arbeitsfeldes noch etwas fleißiger beackert werden sollte als bisher (ob also z. B. die Literatur des 19. Jahrhunderts in ihrem ganzen Umfange mit berücksichtigt werden solle – was ich entschieden bejahe), nein, für sie handelt es sich noch immer um einen Kampf um die beste Methode. Seien wir ehrlich: wir haben uns berechtigtem Spotte ausgesetzt, als wir die Methoden der klassischen oder der altdeutschen Philologie mit Haut und Haaren auf die neuere Literaturgeschichte zu übertragen unternahmen! Wer Goethe oder Grillparzer und Kleist nach demselben Schema interpretiert wie Otfried oder den ›Heliand‹, der beweist, daß ihm alles richtige Augenmaß fehlt, und er versündigt sich nicht nur an Goethe, Grillparzer und Kleist, sondern noch mehr an seinen Zuhörern. Und dennoch war uns jener Versuch in mancher Hinsicht auch heilsam: er befreite die neuere Literaturgeschichte aus den Banden des Dilettantismus; er erhob sie zu einer unbestrittenen Wissenschaft. Dessen wollen wir dankbar eingedenk bleiben! Und wenn wir vorwärts schreitend Neues und Besseres zu finden hoffen, so wollen wir nicht vergessen, daß eine tief und sicher begründete *Methode* das A und O nicht nur der Forschung, sondern auch des akademischen Unterrichtes ist. In besonders hohem Grade ist es Aufgabe der deutschen Literaturwissenschaft, nicht nur ein Wissen, sondern auch ein *Können* zu übermitteln. Der Dozent, der die neuesten Ergebnisse der Wissenschaft zusammenträgt und sie durch sein eigenes Urteil belebt und erweitert, leistet viel und Wünschenswertes; aber er darf seine Arbeit hiermit nimmermehr für erledigt erachten: er soll vielmehr seinen Hörern die Kraft zu selbständiger Beobachtung und zu selbständigem Urteil wecken; er soll ihnen zeigen, wie man, wenn auch natürlich nicht in alle, so doch in manche der tieferen Geheimnisse poetischer Erzeugnisse eindringen und wie man auf Grund einer vielseitigen Analyse zu einer gewinnbringenden Synthese, zur vergleichenden Betrachtung und zur historischen Erkenntnis vordringen kann. Mit anderen Worten: er soll ihnen nicht nur selber Probleme lösen, sondern er soll ihnen eine Anweisung geben, wie sie, vor neue Probleme gestellt, sich ohne fremde Unterstützung müssen zu helfen wissen. Aber über dem Wissen, das er verbreiten, und über dem Können, zu dem er anleiten soll, erblickt der Vertreter des Deutschen noch eine letzte und höchste Aufgabe: nirgends so deutlich wie in unserem Schrifttum sind die Kulturwerte und Ideale unserer Nation, ist das Fühlen und Denken, das Hoffen und Sehnen des deutschen Menschen ausgeprägt worden; erachten wir es als Pflicht und Stolz, durch unsere deutsche Kunst uns unserer deutschen Art recht klar und freudig bewußt zu werden, so muß unsere Arbeit auf das ganze Leben zurückwirken und schließlich auf die Pflege jener ›Imponderabilien‹ Einfluß gewinnen, von denen in entscheidender Stunde die wichtigsten Wendungen in den Geschicken des einzelnen wie der Gesamtheit abhängen.

[. . .]

2. *Robert Lück: Die wissenschaftliche Vorbildung der Kandidaten des höheren Lehramts für den deutschen Unterricht*

[. . .]

Die Behandlung der *mittelhochdeutschen* Zeit ist für den Lehrer des Deutschen eine äußerst erfreuliche und lohnende Aufgabe, weil er auf der vortrefflichen Grundlage fußen kann, die ihm die Universität gegeben hat. Ich möchte es bei dieser Gelegenheit einmal aussprechen, wie hoch wir den Wert der Ausbildung in der germanistischen Wissenschaft anschlagen, wie dankbar wir der Männer gedenken, die uns in ihren weiten und großartigen Bau eingeführt haben. Unsere Lehrer des Deutschen können die Erziehung durch die strenge und gründliche Methode, die der germanischen Philologie von vornherein eigen gewesen ist, gar nicht entbehren, am wenigsten vielleicht diejenigen, die nicht mit den alten Sprachen und der klassischen Philologie in engere Berührung gekommen sind. Darum wünschen wir aufs lebhafteste, *daß die germanistische Bildung immer ein wesentliches Stück der deutschen Fakultas aller Stufen sei und bleibe.* Wer die Nibelungen, Walter, Wolfram zu erklären hat – sei es bedauerlicherweise auch nur in der Übersetzung –, der muß aus dem Vollen schöpfen können.

Während uns auf diesem Teile unseres Lehrgebietes die Hilfe der Universität reichlich gespendet wird, vermissen wir sie schmerzlich, wenn wir die *Klassiker der Neuzeit* mit unseren Schülern auf der Oberstufe lesen sollen. Der Lehrer, der zum ersten Male vor diese Aufgabe gestellt wird, hat das Gefühl, als müßte er alles erst selbst sich aneignen und herbeischaffen, was er im Unterricht bieten soll. Die Vorbereitung auf jede einzelne Stunde nimmt seine Zeit und Kraft dermaßen in Anspruch, daß er dies seinen sonstigen Pflichten gegenüber kaum verantworten kann. Er ist zu seinem Leidwesen oft genug gezwungen, nur halbe Arbeit zu tun, und sich damit zu trösten, später das jetzt Versäumte nachzuholen, was eben auch oft eine trügerische Hoffnung bleibt.

Es liegt mir durchaus fern, Vorwürfe gegen den Universitätsbetrieb zu erheben. Ich weiß wohl, daß die Germanisten vollauf mit ihrem eigentlichen Forschungsgebiet zu tun haben, und daß die neudeutsche Philologie erst zu kurze Zeit eine selbständige Stellung an der Universität hat, als daß sie allen einschlägigen Aufgaben schon hätte gerecht werden können. So hat sie sich denn vorzugsweise auf die Geschichte der Literatur beschränkt und diese Wissenschaft allerdings auf eine bewunderungswürdige Höhe gebracht. Aber die Literaturgeschichte muß auf der Schule gegenüber der Lektüre sehr in den Hintergrund treten. Die Schüler sollen vor allem die Meisterwerke selbst kennen lernen und den Geist ihrer Schöpfer unmittelbar auf sich wirken lassen! Diesem Umstande trägt die Universität, ich wiederhole es, gegenwärtig zu wenig Rechnung. Nach dieser Richtung gehen daher unsere Hauptwünsche.

Die künftigen Lehrer des Deutschen müßten auf der Hochschule mehr zu ausgiebiger und systematischer deutscher Lektüre veranlaßt und angeleitet werden, sie müßten vor allem mehr Gelegenheit bekommen, an Vorlesungen und Übungen teilzunehmen, die sich mit der *Erklärung der Klassiker* befassen! Wir haben gestern aus berufenem Munde[1] gehört, in der klassischen Philologie sei die Exegese die Hauptsache. Denselben Grundsatz haben von jeher die Germanisten befolgt. Sollte die Schriftsteller-Interpretation in der neudeutschen Philologie einen geringeren Wert und eine zweifelhaftere Berechtigung haben? Liegt in unsern Klassikern alles so einfach, daß es sich dem Verständnis von selbst erschließt? Sind alle Schwierigkeiten beseitigt, alle Probleme bereits gelöst, bleibt der wissenschaftlichen Tätigkeit und der ästhetischen Betrachtung nichts mehr zu tun übrig? Ich glaube kaum. *Goethes Wort,* das Kunstwerk sei unendlich, findet doch, wenn irgendwo, Anwendung auf die höchsten Erzeugnisse unserer großen deutschen Dichter und Denker: jede Zeit hat sie sich geistig neu zu erwerben, um sie wirklich zu besitzen und zu behalten. Auch die Universitäten, die ja doch sonst allen edlen Kulturgütern eine hervorragende Pflege angedeihen lassen, dürfen sich der Pflicht nicht entziehen, in größerem Umfange und mit stärkerem Nachdruck in den Geist der klassischen Literaturwerke einzuführen, auf denen das Beste beruht, was wir in der Gegenwart haben. Sie würden damit dem nationalen Geistesleben einen großen Dienst erweisen und dem Interesse weitester Kreise der studierenden Jugend entgegenkommen! Insbesondere aber würden sie, worauf es uns hier ankommt, die Zwecke des deutschen Unterrichts außerordentlich fördern.

[...]

3. *Schlußthesen der Beratung*

[...]

1. Der akademische Unterricht in der deutschen Literaturwissenschaft soll sich auf den psychologisch begründeten Hilfsdisziplinen der Poetik, Stilistik und Metrik aufbauen.
2. An allen Universitäten sollen regelmäßig Vorlesungen über die

---

[1] *Diels* in seinem Vortrage über: Die Anfänge der Philologie bei den Griechen.

neuhochdeutsche Schriftsprache abgehalten werden, die auch die Wortkunde mitumfassen.

3. In der allgemeinen Prüfung soll allen Kandidaten der Nachweis genügender Kenntnis der Hauptpunkte der deutschen Grammatik und Wortkunde zur Pflicht gemacht werden.

4. Es ist wünschenswert, daß Interpretationskollegien und Interpretationsübungen über Werke unserer großen neudeutschen Klassiker regelmäßig stattfinden.

5. Es ist zu verlangen, daß an allen Universitäten Vortragsmeister bestellt werden, welche die Vortragskunst – Orthoepie und Rezitation prosaischer und poetischer Werke – bei den Studierenden ausbilden.

6. Den Kandidaten ist eindringende Pflege philosophischer Studien sehr zu empfehlen.

7. Es ist wünschenswert, daß an allen Universitäten über Literaturgeschichte des 19. Jahrhunderts – womöglich eine Übersicht – gelesen werde.

8. Die Kenntnis der Geschichte des Deutsch-Unterrichts ist entweder an der Universität oder während des Seminarjahres zu erwerben.

[...]

Josef Nadler

Literaturgeschichte der deutschen Stämme und Landschaften
[1912]

Worte der Rechtfertigung und des Danks

August Sauer wies uns immer auf die deutschen Landschaften. Im persönlichen Gespräche, wenn er die kostbaren Seltenheiten seines Bücherschatzes suchenden Schülern öffnete, knüpfte er die Gedanken an hundert keimreiche Einzelheiten an, die im Kolleg unberührt bleiben mußten und bei der Lektüre übersehen wurden. In seinen unvergessenen Vorlesungen über das siebzehnte Jahrhundert sagte er einmal, der allgemeinen Literaturgeschichte habe an die Seite zu treten, was man etwa eine provinzielle, Stammesliteraturgeschichte nennen könnte. Der große Reichtum unserer Literatur hänge damit zusammen, daß die einzelnen Landschaften nach fruchtbaren Sonderentwicklungen im rechten Augenblick in die Gesamtbewegung einträten. Das haftete tief, zunächst nur als leise tastende Ahnung, und wenn auch das ganze Kolleg auf diese Erkenntnis berechnet war und die große Linie schon über die einzelnen deutschen Landschaften führte, ehe wir völlig klar sahen, mußte die Rektoratsrede kommen, mit der er das älteste, sorgenvollste Ehrenamt übernahm, das eine deutsche Universität zu vergeben hat, das Prager. Als die Schrift im Druck erschien, lag eines jener schmalen, kleinen Büchlein vor, die unser geistiges Leben immer am stärksten erregten. Literaturgeschichte und Volkskunde! Die Beziehungen der Stadt und der weitern Heimat zu diesem Buche waren uns selbstverständlich. Es war der Geist, der wie ein Weggenosse von Fleisch und Blut mit jedem über die alte Prager Brücke wandert, der Geist des Volkstums, dessen Nähe nicht überall, weil ihn kein Gegensatz weckt, so unmittelbar anschaulich ist. Wer wie wir alle Not, allen Schmerz und jede Freude geistigen Lebens aus dem Drängen, Stoßen und Reiben der Rassen, Sprachsippen und Einzelstämme schöpft, die eine Welt für sich in den Bergkessel von Orsowa bis zur Elbpforte, bis Trient und bis zur Adria geworfen sind, all denen bedeutet das Volkstum den Schlüssel zu jeder Offenbarung, ein täglich neues Erlebnis, eine dauernde Gegenwart. Das macht die Heimat, und wir können nicht anders.

Sauers Gedanke hat tiefe Wurzeln und weite Äste. Es gibt nur einen Doppelschluß. Erkennt man an, daß nationale Literaturen nicht ein Internationales sind, lediglich differenziert durch verschiedenen sprachlichen Ausdruck, so muß man nach der ganzen Vergangenheit unseres Volkes den Begriff der Stammesliteratur anerkennen. Seine Verneinung leugnet auch das innere Wesen aller Nationalliteraturen. Dann gibt es nur ein Schrifttum, das sich deutscher, französischer, englischer Zunge bedient. Denn was im Einzelnen nicht ist, wird auch im Produkte nicht erscheinen. Aus Einzelstämmen verschiedener ethnographischer Struktur, die kaum zur Hälfte rein germanisch waren, erwuchs das deutsche Volk, wurde zunächst ein äußerlich politisches Gefüge; die einzelnen Elemente drängen stets von neuem hartnäckig nach eigener Sonderentwicklung in Sprache und Literatur, in Glaube und Kultur. Dann werden sie wieder durch eine künstlich geschaffene Schriftsprache gesammelt und erst nach vielen Menschenaltern von neuem politisch geeinigt. Der Einheitsbegriff des deutschen

Volkes ist eine angenommene Größe, die nur für grobe Schätzungen genügen kann.

Unter harten Kämpfen wurde die allgemeine Geschichte der wirtschaftlichen Betrachtung erobert, ein Bekenntnis, dem sich heute, da Hunger, Haß und Liebe mehr als je das Leben bewegen, keiner mehr entziehen kann. Das wirtschaftliche Problem steht im innigsten Zusammenhange mit den einzelnen Landschaften, mit dem Boden und seinen Gaben und den Stämmen, die von ihrer Heimat erzogen wurden. Literatur und Kunst, als ein Überschuß wirtschaftlicher Kräfte, mitbewegt von den Bedingungen und Erträgnissen materieller Arbeit, können nur dort erklärt und begriffen werden, wo der Mensch mit tausend Fasern an einem bestimmten Erdfleck festgewachsen ist, wieder nur aus der Gesamtheit aller Wirkungen, die zwischen Heimat und Abkunft spielen.

Man suchte Typen und Gesetze in allem, was Geschichte heißt. Für solche Wahrheiten bietet der Einzelne keine Erfahrung, weil er nur einmal ist, ein Punkt, aus dem sich keine Kurve errechnen läßt. Und ein ganzes Volk, in dem der Einzelne ohne Zwischenglied begriffen ist, gibt wieder keine Möglichkeit, das gewonnene Resultat zu vergleichen, zu prüfen, zu berichtigen. Denn das Nachbarvolk ist ja ein anderes, aus dessen verschiedenen Grundlagen die Fehlerquelle der eigenen Rechnung niemals zu finden ist. Wir brauchen Zwischenglieder zwischen dem Einzelnen und der letzten Einheit, eine Zwischeneinheit, die vor dem Einzelnen die Kontinuität der Entwicklung voraus hat und vor dem letzten Ganzen, der Nation, die Mannigfaltigkeit, die Vielheit solcher Entwicklungen. Das ist wieder der Stamm, die Sippe, die Landschaft. Das Problem ist dieses: wir kennen eine Summe von Ursachen und von Wirkungen, im Schrifttum kristallisiert. Wo ist die Ursache, die zu dieser Wirkung gehört? Es müßte uns experimentell möglich sein, eine beliebige Ursache auszuscheiden, um zu sehen, welche Wirkung ausbleibt. Das Experiment können wir nicht machen, aber die Natur hat es gemacht, indem sie Menschen gleicher Herkunft – einen Stamm – in Landschaften verschiedener Bedingungen setzte, indem sie Elemente verschiedener Herkunft mischte, Teile verschiedener Stämme in gleichgebaute Landschaften hineinwachsen ließ. Zur Wirkung läßt sich die Ursache finden, es lassen sich Gesetze und Typen gewinnen, die Prämissen werden vervielfältigt, die Erfahrungsmöglichkeit wird erweitert.

Mit dem ererbten Blute rollt eine Fülle erblicher Güter von

Geschlecht zu Geschlecht. Neben den Einzelnen tritt Fluch und Segen der Sippe. Und weil sich die Geschichte der Abfolge nur in seltenen Fällen lückenlos feststellen läßt, müssen wir zur unvollkommenen Auskunft greifen, die nächst Verwandten dieses Einzelnen, seinen Stamm, seine Umgebung, den Menschen seiner Heimat zur Erklärung heranziehen, falls wir wissen, daß er wenigstens in weiterer Folge mit ihm verwandt ist. Es ist ein Notbehelf, aber unser Wissen schreitet über schwankende Stege.

Raum und Zeit! Zum zweiten auch das erste! Nicht eine Landschaft als Tummelplatz zufällig zusammengewürfelter Einzelner, sondern als Nährboden, als Materielles, als Trägerin eines ganz bestimmten Menschenschlages, von der aus beidem, aus Blut und Erde, das Feinste, das Geistigste wie in goldenen Dämpfen aufsteigt. Es gibt auch in den Geisteswissenschaften eine Spektralanalyse.

So erschließen Sauers Anregungen eine neue Welt. Nicht *weniger* Philologie, sondern *mehr,* aber angewandte, Dialektforschung, Stammeskunde, Familiengeschichte, Anthropologie, eine Literaturgeographie, die die Erde nach unsern Bedürnissen suchend abgeht. Was unsere letzte Sehnsucht sein soll, Anschluß der Geschichte des Schrifttums an die großen Ergebnisse verwandter, fördernder, vorausgesetzter Disziplinen. Vor allem ein Loslösen des Interesses von Dichter und Dichtungen, weder reine Ästhetik noch reine Philologie, sondern eben Geschichte.

Man muß den Mut zu irren haben, sagt Scherer einmal. Es besser zu können ist alleiniger Beruf und einziges Recht, das dem Urteil des Kritikers seine Legitimität gibt, es besser zu machen die Waffe der Abwehr, die jedem Autor zu Gebote steht, der es ehrlich meinte und das Beste wollte. Außer der liebevollen hundertjährigen Arbeit, die in der langen Reihe lokaler Zeitschriften aufgestapelt ist, und außer einigen dankbar benutzten landschaftlichen Literaturgeschichten stand mir keine Vorarbeit zu Gebote. Hätte mich die Hand meines Lehrers nicht geführt, ich wäre nicht weitergekommen. Mag ich den Zusammenhang innerhalb einzelner Dichtungsgattungen da und dort zerrissen haben! Es sind künstliche Gruppen, und ich suchte die Natur. Mag dem oder jenem Großen eine Zeile weniger zugeteilt worden sein! Sie haben alle ihren Wert, die Größten und Kleinsten, und der Botaniker baut keine Rosengehege des Duftes und der Farbe willen. Die Form war mir nicht alles aber viel; es wäre mir zwar nicht schwer gefallen unter dem Text den Inhalt meiner Zettel aus Tausenden von Büchern und Zeitschriftenbänden auszubreiten, aber was sind sie dem unbefangenen Leser! Der Kundige kennt sie, und wer sie sucht, der findet sie am Schluß des Bandes. Kaum minder leicht wäre es dem Setzer gefallen, durch reichlichen Sperrdruck und fette Lettern die Wichtigkeit dieser oder jener Stelle in die Ohren zu schreien. Aus Höflichkeit gegen den Leser unterblieb es. Ich suchte stets die literarischen Ergebnisse von den großen geistigen Bewegungen abzuschöpfen. Soviel ich von Theologen und Philosophen über die Mystik hätte abschreiben und mit Etiketten versehen können, ich gab nur den literarischen Inhalt. Ein landschaftliches Schema zeichne ich nirgends; ich konnte es nicht, weil ein Wald kein Rokokogarten ist. Weil die Anschauung alles ist, verschmähte ich kein Bild, wenn es die Sache besser nannte als das nackte Gerüst von Worten. Ich hätte ebenso leicht die Wege ausbreiten können, auf denen ich zu dieser oder jener Erkenntnis kam, doch drängte ich das Ergebnis eines Buches oft in ein Beiwort, wenn es der Sache diente. Hoffentlich gilt Langweile nicht als Lehrbrief des Wissens.

Karten waren diesem Buche unentbehrlich. Es ist zwar nicht der erste Schritt, aber ich wollte weiter kommen und habe auch da vieles gewagt. Das Nähere ist bei den Karten vermerkt. Die Illustrationen wurden vom Texte getrennt, aus vielen und guten Gründen. Sie wollen geben, was Worte niemals können, eine Anschauung von den Büchern, denen dieses Buch gewidmet ist.

Dem Verleger, der die Kosten nicht ängstlich abwog und für meine Wünsche immer ein offenes Herz und den verständnisvollsten Sinn hatte, gebührt der wärmste Dank. Besonders rühmenswert ist das Entgegenkommen der Leitung der Münchener Hof- und Staatsbibliothek, die kostbare alte Drucke, ja seltene Inkunabeln bereitwilligst zu Reproduktionszwecken überließ. Die heimlichen stillen Räume des Florentinerbaues an der Ludwigstraße mit ihrem unerschöpflichen Reichtum bleiben mir eine unvergeßliche Stätte geistiger Gastlichkeit.

Professor Wilhelm Kosch nahm herzlichen Anteil an diesen Blättern. Professor Richard Zehntbauer, dem Familiengeschichte ein vertrautes Feld ist, half mir oft mit seinem Rate vorwärts; Professor Gustav Schnürer sah die Fahnen in freundlichster Weise eingehend durch.

Auf Karl Lamprecht wurden wir als Studenten immer wieder

hingewiesen. Große Massen zu bewältigen, aus der verwirrenden Vielheit des Einzelnen das Typische zu erkennen, die sozialen und wirtschaftlichen Grundlagen des geistigen Lebens nach allen Seiten freizulegen, es gibt keinen Weg historischen Suchens, über den seine deutsche Geschichte nicht leuchtete.

Mein Lehrer August Sauer hat das Buch begleitet vom ersten Gedanken bis zur letzten Fahne, mir Sammelzettel dargeboten, unfruchtbare Pläne im Keime erstickt, in Briefen ermutigt und angespornt. Als Gruß an die alte, wunderliche, liebe Stadt zwischen Hradschin und Wyschehrad und an die Heimat, deren Neuleben er in deutscher Arbeit unter den ersten mitgeschaffen hat, lege ich das Buch in seine Hände zurück.

Aufruf zur Begründung eines Deutschen Germanisten-Verbandes

[1912]

Mehr und mehr ist in allen Kreisen, denen es um die Zukunft unseres Volkstums ernst ist, die Überzeugung zum Durchbruch gekommen, daß unser deutsches Geistesleben stärker als bisher auf völkische Grundlagen gestellt werden muß. Noch findet dies Bestreben keine freie Bahn. Ihm steht vor allem im Wege, daß der Unterricht im Deutschen an unsern höheren Schulen nicht die Stellung einnimmt, die ihm in Rücksicht auf Volkstum und Erziehung zukommt.

Zwar weist der Wortlaut der Lehrpläne nachdrücklich auf die hohe Bedeutung dieses Unterrichts hin, aber die Erfahrung hat gezeigt, daß die dort ausgesprochene Mahnung, es sollten alle Fächer zur Pflege des Deutschen zusammenwirken, allein nicht helfen kann.

Wollen die höheren Schulen ihre Pflicht wirklich erfüllen, die ihnen anvertraute Jugend zu fruchtbringender, auf gediegenem Verständnis begründeter Mitarbeit an der Ausgestaltung unseres Volkstums und unserer Kultur zu erziehen, so ist eine entschiedenere Betonung des Deutschen unbedingt erforderlich.

Eine Vertiefung des Unterrichts im Deutschen und eine zielbewußte Verknüpfung mit den andern Schulfächern ist aber unter den heutigen Verhältnissen nicht möglich. Sie zu erreichen, muß der Unterricht im Deutschen verstärkt und darf er auf allen Stufen nur von fachwissenschaftlich vorgebildeten Lehrern erteilt werden.

Diese müssen auf der Hochschule gründlich in alle Seiten ihrer Wissenschaft eingeführt werden. Zugleich aber müssen an die Lehrer insgesamt bei der Staatsprüfng höhere Anforderungen in Kenntnis und Verständnis des Deutschen gestellt werden.

Endlich ist durch Fortbildungskurse und durch Reiseunterstützungen dafür zu sorgen, daß die Lehrer im Amte an ihrer Weiterbildung arbeiten können und die Fühlung mit der stets fortschreitenden Wissenschaft nicht verlieren.

Um dies Ziel zu erreichen, halten es die Unterzeichneten für geboten, nach dem Beispiel der Religionslehrer, der Neuphilologen, der Mathematiker und Naturwissenschaftler und anderer Fachgruppen einen Zusammenschluß der Germanisten, insbesondere der Vertreter des Deutschen an den Hochschulen und den Höheren Schulen, zur Förderung des deutschen Unterrichts herbeizuführen.

[...]

Friedrich Panzer

Grundsätze und Ziele des deutschen Germanisten-Verbandes
[1912]

[...]

Die erste äußere Aufgabe dieses Verbandes war in der Zusammenfassung aller vorhandenen Kräfte zu sehen. Von einer solchen Vereinigung ließ sich erwarten, daß sie jedes gemeinsame Streben ebenso nach innen vertiefte, als ihm nach außen die nötige Durchschlagskraft gäbe. Wir haben den Verband gedacht als eine Organisation von Fachleuten, Männern, die germanistisch – das Wort immer im weitesten Sinne genommen – gebildet sind; aber wir dachten ihm ein Ziel zu geben, das über die bloße Förderung des Faches als solche hinausragt.

Mit der Forderung fachlicher Bildung wünschten wir den Verband frei zu halten von dilettantisch seichtem und kenntnislos ausschweifendem Gerede. Wir wünschten in ihm Männer – und ich hoffe auch Frauen – zu vereinigen von historischer Einsicht und Besinnung; sie werden imstande sein, an der Vergangenheit, die sie kennen, und dem Einblick in das Wesen unseres Volkes, den die genaue Beschäftigung mit seinen Lebensäußerungen ihnen gegeben, die Aufgaben der Gegenwart, die Möglichkeiten der nächsten Zukunft zu ermessen. Aber wir nehmen freilich zugleich an, daß diese geschichtlich Gebildeten Gegenwartsmenschen seien, die Lust und Pflicht in sich fühlen, nach ihrer Weise, mit ihren Einsichten, dem Volke und Staate zu dienen, dem sie angehören.

Es ist aber unsere tiefe Überzeugung, daß Glück und Gedeihen einer Nation nur aus ihr selber erwachsen, dem vaterländischen Boden allein entsprossen könne. Auch der unendlich gesteigerte, weltumspannende Verkehr unserer Tage konnte und kann nie die Schranken niederreißen, wie die Natur selbst sie zwischen den einzelnen Völkern, ihren verschiedenen Anlagen und Bedürfnissen gezogen. Noch immer gilt des jungen Goethes Wort, daß der Genius – auch der Genius einer Nation – auf keinen anderen Flügeln, und wären's die Flügel der Morgenröte, emporsteigen kann denn auf seinen eigenen.

Die Kultur eines Volkes ist aber darum doch keine Pflanze, die nun in heimischer Erde aus sich selber leicht und willig wüchse, wo nur Sonne und Regen sie erreichen. Sie will gepflegt und gehegt sein auf bereitetem Boden von kundiger Hand, genährt und getränkt, beschnitten und gebunden, daß sie wahrhaft blühe und fruchte. Hier ist auch uns Gelehrten unsere Pflicht gewiesen. Wissenschaft allein schafft freilich keine Kultur, dazu gehören vor allem jene großen Schöpfer, die der Himmel uns schenken muß; aber mitarbeiten können und müssen wir an ihr. Und wir Philologen im besonderen können vor jenen Großen einhergehen wie der Täufer vor dem Herrn, daß sie ein bereitetes Volk finden, und unser schönes Amt ist es, zu deuten und zu verkünden, was sie, Morgensonne im Antlitz, wenigen erst erkennbar und fühlbar, gesprochen und getan. Und indem wir die Vergangenheit erforschen, können wir wieder tönen machen, was einst stark und gut erklang und doch verklungen ist, können manche verborgenen Kräfte wecken und den Zugang öffnen zu verschütteten Quellen.

Können und sollen aber derartige Einsichten in nationale Vergangenheit und Art die Kultur der gesamten Nation fördern, so dürfen sie nicht Eigentum der Gelehrten bleiben, sie müssen Gemeingut aller Gebildeten werden, der Jugend vor allem schon zu Fleisch und Blute wachsen. Unser Aufruf hat daher mit Recht, wie ich denke, die Jugendbildung geradezu in den Mittelpunkt gesetzt; ihre Gestaltung wird in der Tat die wichtigste Aufgabe des deutschen Germanisten-Verbandes bilden müssen.

Wollen wir aber Erziehung und Unterricht beeinflussen, und zwar wie unsere hohen Ziele das selbstverständlich machen, von innen beeinflussen, so ist dies offenbar nur im engsten Zusammenwirken der Hochschullehrer mit den Lehrern der höheren Schulen erreichbar. Sie beide sind in dieser Sache in jedem Sinne aufeinander angewiesen. Zwar ist Wissenschaft und Unterricht nicht dasselbe und wie jene manche Ziele hat, die dem Unterricht ferne liegen, so hat dieser gar manches zur Wissenschaft hinzuzufügen, damit aus ihr Bildung fließe. Aber die Wissenschaft hat dem Unterricht seinen konkreten Inhalt zu liefern und ein fruchtbarer Unterricht in dem von uns geforderten Sinne wird in der Tat nur möglich sein, wenn der Lehrer diese Wissenschaft kennt, auf der Universität also gründlich in sie eingeführt wurde, und wenn diese Wissenschaft selbst danach ist, daß sie das hier Geforderte im Unterrichte guter Lehrer auch wirklich zu leisten vermöge.

Unser Verlangen ist, daß die Erziehung unserer Jugend auf völkischen Boden gegründet, das Deutsche also in den Mittelpunkt des Unterrichts gestellt werde. Das aber ist eine Forderung, die keineswegs erst von diesem Germanisten-Verband zu erheben wäre und neu und mißliebig an das Ohr unserer Schulleitungen tönen müßte. Sie ist vielmehr wenigstens in den preußischen Lehrplänen von der Schulbehörde selbst ausdrücklich erhoben. Denn die hat längst erkannt, daß es sich hier nicht um den lächerlichen Einfall von ein paar Liebhabern des Altdeutschen handelt, Leuten, die für verschnürte Röcke schwärmen und romantisch weltfremde Ideen, sondern um eine Forderung, die aus der Entwicklung unseres Volkes, wie sie im letzten Jahrhundert verlaufen ist, sich mit zwingender Notwendigkeit erhebt.

Aber freilich: die Durchführung dieser behördlichen Anordnung ist bis auf diese Tage unmöglich gewesen und sie ist heute tatsächlich noch unmöglich aus zwei Gründen. Einmal einem äußeren: dem Deutschen ist eine zu geringe Stundenzahl zugewiesen als daß in ihr wahrhaft Ersprießliches geleistet werden könnte, das an sich befriedigte und zugleich die anderen Unterrichtsfächer zum Anschluß, zu einem durchgängigen Sichbeziehen auf dieses Hauptfach zwänge. Und dann aus einem inneren Grunde: die Ausbildung der Deutschlehrer selbst entspricht vielfach nicht den hohen, an sie zu stellenden Anforderungen, und noch viel weniger sind die Lehrer der übrigen Fächer nach der gegenwärtig von ihnen verlangten Vorbildung imstande, ihre Fächer in einen innigen und fruchtbringenden Zusammenhang mit dem deutschen Unterricht zu setzen.

Es liegt weit ab von meiner Aufgabe wie von meinem Berufe, die herrschenden Zustände im einzelnen zu beschreiben oder Einzelvorschläge zu machen, wie den Mißständen abzuhelfen sei. Es wird die Aufgabe des Verbandes sein, dies Geschäft mit aller Gründlichkeit zu besorgen. Nur einige allgemeinere Bemerkungen seien hier gestattet.

Von den drei Schularten, auf denen unsere deutsche Jugend heute eine höhere Bildung empfangen kann, mag leicht das humanistische Gymnasium als diejenige erscheinen, auf der einer Durchführung der erhobenen Forderung am meisten Schwierigkeiten entgegenstehen. Sie liegen in dem intensiven Betriebe der klassischen Studien, wie er hier üblich ist. Auf das Verhältnis, in das unsere Forderung zu diesen Studien tritt, muß ich, wenn auch nur in aller Kürze, um so mehr mit ein paar Worten eingehen, als hier ja ein besonders empfindlicher, vielbehandelter Punkt berührt wird, hier am leichtesten Mißverständnisse entstehen möchten.

Es ist durchaus nicht meine Meinung, daß mit der ernsthaften Durchführung einer auf völkische Grundlagen gestellten Bildung eine Beeinträchtigung der klassischen Studien verbunden sein sollte oder müßte. Es ist heute vielleicht möglich, ohne Kenntnis des Lateinischen oder Griechischen als ein gebildeter Mann durchs Leben zu gehen, immer noch nicht aber ohne Kenntnis der Antike. Und es ist klar, daß die beste Kenntnis dieses unentbehrlichen Bestandteils unserer Bildung durch die Aufnahme der antiken Literatur in der Ursprache gewonnen wird. Das Studium irgend einer Geisteswissenschaft aber, ja ich glaube eigentlich auch das Studium der Naturwissenschaften, ist ohne Kenntnis des Lateinischen überhaupt nicht möglich und Kenntnis des Griechischen ist teils ebenso unerläßlich, teils im höchsten Grade wünschenswert. So läßt sich deutsche Philologie ohne Kenntnis des Lateinischen überhaupt nicht, auch nicht in den Anfängen, studieren und ohne Kenntnis des Griechischen jedenfalls nicht in allen Beziehungen und Gründen. Die Kultur unseres Volkes hat sich in den zwei Jahrtausenden seines geschichtlichen Lebens mit Bestandteilen der Antike, vor allem der römischen Kultur und Sprache, derart durchsetzt, daß man seine Entwicklung in der Vergangenheit nicht nur, sondern auch seine Gegenwart ohne Kenntnis der Antike nicht versteht. Man mag das preisen oder bedauern, man muß es jedenfalls als eine Tatsache hinnehmen.

Die Aneignung der antiken Sprachen ist also eine Notwendigkeit; sie kann aber nicht der Universität zugespielt werden, die dafür keine Zeit mehr hat. Wir können darum, wenn Wissenschaft und Bildung in Deutschland nicht in Not geraten sollen, einen Schultypus nicht entbehren, der wenigstens einen Teil unserer Jugend mit der Kenntnis dieser Sprachen ausrüstet.

Soll nun aber auch im Lehrplane des humanistischen Gymnasiums Raum für eine stärkere Betätigung der Deutschkunde werden, so kann diese Ausdehnung jedenfalls nicht in einer Weise erfolgen, daß der fruchtbare Betrieb der klassischen Studien dadurch unmöglich würde. Es scheint mir klar, daß das Griechische überhaupt keine Einbuße erleiden darf. Denn diese Sprache soll nicht bloß als Mittel zum Zweck weiterer wissenschaftlicher Studien erworben werden. In der griechischen Literatur liegen an sich unvergängliche Werte und ewig lebendige Kräfte voll unerschöpflicher Wirkung geborgen, die wir unserer Jugend nicht vorenthalten wollen. Damit die Schule aber in den Stand komme, griechische Literatur mit Genuß zu lesen, kann die Kenntnis dieser immerhin schwierigen Sprache nicht herabgedrückt werden.

Anders schon steht es mit dem Lateinischen. Seine Aneignung ist, wenn ich es einmal etwas derb und zugespitzt ausdrücken darf, mehr ein notwendiges Übel. Diese Sprache hat eben aus zufälligen Umständen eine so bedeutende Rolle im Leben unseres Volkes nicht nur, sondern der gesamten abendländischen Kulturgemeinschaft gespielt, daß ihre Kenntnis auch heute noch schlechterdings unentbehrlich ist. Die römische Literatur allein könnte ihre allgemeine Erlernung nicht erwünscht machen. Denn ich bin zwar Philologe genug, um den Reiz und die Eigenart auch dieser Literatur voll zu empfinden, aber ihre absolute Bedeutung kann ich durchaus nicht so hoch schätzen, daß ich um ihretwillen gerechtfertigt fände, wenn unsere Jugend ein Viertel bis ein Drittel ihrer sämtlichen Unterrichtsstunden auf die Erlernung der lateinischen Sprache zu verwenden hat. Und wenn diese lateinische Sprache auch ein bequemes Mittel scharfer geistiger Zucht sein kann, wie etwa das Üben der Gewehrgriffe oder des Paradeschritts als ein Mittel militärischer Disziplin geschätzt wird, obwohl es keinen unmittelbaren Wert für den Krieg besitzt, so bringt eine frühe und eindringliche Beschäftigung mit dieser fremden Sprache unserer Jugend zu einer Zeit, da sie in ihrer Muttersprache noch keineswegs gefestigt ist, doch auch unleugbare und mit Recht vielfach beklagte Schädigungen. Hier wäre wohl einige Vorsicht und Einschränkung am Platze, wobei immer noch jene unentbehrliche, ausreichend gute Beherrschung des Lateinischen sich erreichen ließe.

Auf eine Beseitigung oder Schädigung des klassischen Unterrichts zielt unsere Forderung also keineswegs. Eine andere Frage aber ist die: kann auf ihn auch nur am humanistischen Gymnasium der gesamte Unterricht, die Bildung der Jugend sich gründen? In der Tat wird das noch vielfach gefordert.

Man könnte unter den Verteidigern dieses Standpunktes füglich zwei Klassen unterscheiden. Die einen wollen kein Jota von ihrem Latein und Griechisch aufgeben. Ihr Hauptsatz ist, es müsse alles bleiben, wie es war, weil nur die lateinische und griechische Sprache und Literatur den gehörigen Bildungsstoff, weil allein die klassische Philologie die nötigen Methoden liefere, Geist und Herz des Schülers zu beschäftigen. Wer so redet, hat das letzte Jahrhundert verträumt. Ihm ist entgangen, daß neben der klassischen Philologie längst Kulturwissenschaften gleichen Vermögens erwachsen sind, im meisten der klassischen Philologie an wissenschaftlichem Interesse ihres Stoffes wie an Methode und Können ebenbürtig, in manchem vor der älteren Schwester, der traditionsreichen, zurückstehend, in einzelnem ihr, der traditionsgebundenen, voraus. Mit solchen Verteidigern der Antike, denen sie eine Summe von Kenntnissen ist, nicht eine sittliche Kraft, mit diesen ewig Gestrigen, beschäftige ich mich nicht. Sie werden ohnehin keinen Erfolg haben, wenn sie die Jugend zwingen wollen, mit Lust Staub zu fressen; lassen wir also diese Toten ihre Toten begraben.

Aber es gibt andere, durchaus moderne Menschen. Sie kennen Gegenwart und Leben, aber in ihnen glüht ein großer heiliger Begriff von der Antike oder, daß ich es gleich richtiger sage, vom Griechentum. Dies ist ihnen, wie es Winckelmann und seinen Nachfolgern am Ende des 18. Jahrhunderts erschien, die Vollendung der Menschheit schlechthin und darum ewiges Vorbild und ewige Erzieherin, neben der es keine andere gibt, noch geben darf, auch nicht für die deutsche Jugend des 20. Jahrhunderts.

Ich ehre diesen Standpunkt um der hohen sittlichen Unterlage willen, auf der er ruht, aber ich halte ihn weder für richtig noch für durchführbar.

Ich falle zwar der Wertschätzung, die hier dem Griechentum entgegengebracht wird, völlig bei, mit Verstand und Herzen. Ich empfinde mit diesen Männern die Größe, die Reinheit, die schöne Menschlichkeit, den seligen Frieden, der aus ihm strahlt – für mich persönlich vielleicht ungestörter aus der griechischen Kunst als der griechischen Literatur, doch gewiß auch aus dieser. Aber was diese Männer als Erzieher wollen, ist undurchführbar und gefährlich.

Sie möchten unsere Jugend einschließen in einen heiligen Tempelbezirk. Unter tiefblauem Himmel wächst dort ein stiller Garten auf voll hoher Palmen und fremdländischer Blumen, und fremde Göttergestalten stehen in seliger Nacktheit dazwischen. Und dort wollen sie die Jugend halten mit den großen Worten einer lange verrauschten Zeit, und nur in der Ferne sieht man, weit draußen, Wolken ziehen und von fernher nur tönt das Leben herüber, das die hohen Tempelmauern umbrandet.

Eitles Bemühen! Die Jugend horcht nicht ihrem Wort. Sie lauscht auf das Rauschen ihrer Zeit und ist voll sehnsüchtigen Muts, sich hinauszuwagen auf ihr stürmisch hohes Meer. Nie wird es gelingen, sie abzusperren vom Leben der Gegenwart, seinen Forderungen und Lockungen, seinen Wirrnissen und Rätseln: sie ihrer Zeit gewachsen zu machen, das allein kann Aufgabe der Schule sein. Man kann aber nicht Seeleute auf dem Lande bilden. Es wollte einer Chemie studieren und man riete ihm seine Zeit doch nicht mit chemischen Studien zu verlieren; er sollte sich nur immer in der Physik gehörig umsehen, so werde er sich in der Chemie dann schon von selber zurecht finden: würde man einen solchen Rat nicht lächerlich finden? Aber handeln jene Griechenschwärmer anders, wenn sie ihre Schüler allein durch die Antike zu Deutschen des 20. Jahrhunderts bilden wollen? Ihr Beginnen ist verkehrt, denn die Antike kennt unzählige Probleme des modernen Lebens, kennt so manche hohen geistigen und sittlichen Werte nicht, die unter anderen Himmelsstrichen, in anderen Zeiten glücklich errungen wurden. Wie sollte die Antike etwa in unserem Gefühl für die Natur, unserer Stellung zu Volk und Staat, in den sozialen Fragen unserer Zeit, in dem edleren Verhältnis von

Mann und Weib und so vielem anderen noch unserer Jugend Vorbild und Führerin sein?

Ich will daneben gar nicht dabei verweilen, daß die Auffassung des Griechentums als eines Menschheitsideals schlechthin ein Traum ist, von moderner Wissenschaft längst schon und gründlich beseitigt. Wenn man dagegen erwidert, daß man der Jugend ja auch nicht das historische Griechentum, sondern die Ideale seiner Kunst und Literatur zeigen wolle, so will man auch hier Unmögliches. Der historisch-kritische Sinn ist heute bei Lehrer und Schüler denn doch zu wach, als daß der Jugend die Mängel und Schatten antiken Lebens entgehen könnten. Preist man aber trotzdem alles schönfärberisch an, so wird man der Jugend nur auch das wirklich Gute verdächtig machen.

Aber ist es nicht überhaupt ein wahrhaft gefährliches Beginnen, unsere Jugend in dem Glauben zu erziehen, daß alle Ideale in vergangenen Zeiten, jenseits der Berge lägen, uns unwiederbringlich verloren? Daß die Gegenwart und das eigene Volk minderwertig sei an jener edleren Vergangenheit einer fremden Nation gemessen? Bildet man so gegenwartstüchtige Menschen oder nicht leicht Hölderlinnaturen, wo nicht gar Verächter ihrer Zeit und des Vaterlands? Ich dächte, eben wir Deutsche hätten solches weniger nötig als irgendein Volk; denn an Kritik dessen, was wir sind und haben, und an Unzufriedenheit mit ihm hat es uns wahrlich nie gefehlt. Wo würde denn – wir haben es in Preußen in diesen Wochen erst wieder mit tiefer Beschämung erlebt – wo würde eine Mutter von ihren Kindern beschimpft wie unser Vaterland? Ich glaube, solches würde auch weniger möglich sein, wenn unsere Jugend besser unterrichtet würde über ihr Volk und ihren Staat. Denn nur so erzeugt sich wahrer Patriotismus, der sich nicht einbläuen läßt, noch einpredigen mit Gewaltworten. Man lehre die Jugend den gegenwärtigen Zustand unserer Staaten aus Wesen und Geschichte unseres Volkes verstehen, rede ihr nicht ein, daß nur ein Vergangenheit und Ferne die Ideale lebten, zeige ihr sie in Vaterland und Gegenwart, indem man sie die Tiefe sehen lehrt unter der Oberfläche, den süßen Kern finden in mancher rauhen Schale.

Und ich meine wahrlich, daß wieder eben wir Deutsche nicht nötig hätten in die Ferne zu schweifen, um unserer Jugend ein begeisterndes Ideal zu finden. Sollte ihr der Begriff unseres eigenen Volkstums wirklich an Schönheit und Kraft, an Fülle der

Liebe zurückstehen hinter dem griechischen? Ich glaube es nicht, wofern man sie nur anleitet, was wir haben und hatten, zu verstehen, in der Tiefe zu empfinden und in ein großes Ganze zu sehen. Sollte dann nicht aus den Gassen Nürnbergs und dem stillen Weimar, aus Dürer und Thoma, aus den Nibelungen und Goethe, aus Bach und den Meistersingern, aus den Taten unserer mittelalterlichen Kaiser und des neuen Preußens, sollte nicht aus alledem ein hoher Begriff ihr aufdämmern von deutscher Art, einem deutschen Volk und Vaterland, wohl wert, daß man um seinetwillen lebte und stürbe? Und wenn unsere Jugend fühlt und fühlen muß, daß in allem Deutschen, dem nahem und dem zeitlich fernen, derselbe Pulsschlag klopft, der sie noch belebt, wenn sie bei allem Guten und Großen in deutscher Vergangenheit des Bewußtseins froh bleibt: dieses ist unser! – sollte ihr nicht aus solchem Erleben heller und dauernder als aus allem Griechentum die Flamme der Begeisterung schlagen, eine nie verglühende Liebe und das Gefühl einer heiligen Verpflichtung?

Es wird nicht vieler Worte brauchen, das einzelne deutsche Kunstwerk unserer Jugend wirksam zu machen. Aber der Lehrer mühe sich, das Gemeinsame über allem Einzelnen zu betonen, dem Schüler zu zeigen, wie hinter allen unseren bedeutendsten Persönlichkeiten immer wieder Volk und Vaterland stehen, nicht als eine Abstraktion, sondern als der lebendige Quell, aus dem auch die Größten und Eigenartigsten ihre besten Kräfte schöpften. »Deutschland ist nichts, aber jeder einzelne Deutsche ist viel« sagte Goethe einmal zum Kanzler Müller. Das war auch für Goethe schon ein irrtümliches Wort, aus der politischen Zerrissenheit seiner Zeit und dem überstiegenen Individualismus des 18. Jahrhunderts geboren. Denn in Wahrheit war auch damals schon der einzelne Deutsche nicht denkbar ohne Deutschland. Aber man sah weniger deutlich als heute, wo ein großes, politisch geeinigtes Deutschland hinter jedem von uns steht, was der einzelne dem Vaterlande dankte. Politische Einheit und Macht können aber, die Geschichte zeigt es uns, auch einem großen Volke zeitweise verloren gehen. Sorgen wir also, daß unsere Jugend innigst vertraut werde mit den Kräften, aus denen sie immer wieder herstellbar werden, unserer gemeinsamen Sprache, unserer ruhmreichen Vergangenheit, unserer gesamten völkischen Überlieferung!

[...]

Levin L. Schücking

Literaturgeschichte und Geschmacksgeschichte
Ein Versuch zu einer neuen Problemstellung
[1913]

Einer der Führer der modernen Literaturforschung, Oskar Walzel, hat jüngst (Berl. Tagebl. v. 31. Aug. 1913) ihr Ziel zusammenfassend als ein doppeltes bezeichnet, u. z. »der Form der dichterischen Kunstwerke gerecht zu werden und zweitens die gedankliche Grundlage zu erforschen, aus der sie erwachsen«. Auf dem zweiten Teil dieser Aufgabe hat bisher das Schwergewicht der Forschung geruht, und es mehren sich die Anzeichen, daß eine Generation von Philologen, die dem Problem der Form mehr Interesse entgegenbringt, nun auch dem ersten Teil ihre Kräfte widmet. Aber gerade wer sich auf diesem Felde einige Zeit umgesehen hat, dem tauchen unvorhergesehene Schwierigkeiten auf. Es ist nicht eigentlich die alte Weisheit, daß alle Formkritik subjektiv ist, die ihn in Schrecken setzt. Dieser Gedanke ist ein Trostmittel für alle diejenigen Literaturarbeiter – und ihre Zahl gerade in Deutschland ist Legion –, die von Hause aus überhaupt keine selbständige Kritik, d. h. keinen ausgebildeten Geschmack mitbringen und die sich nun auf Gebiete wie die Quellenforschung u. dgl. flüchten, wo ihnen allerdings niemand den Vorwurf des Subjektiven machen kann, aber die Resultate im letzten Grunde doch immer nur Material für andere bleiben. Denn eine kritische Auseinandersetzung mit der Kunst der Vergangenheit vom Standpunkte des modernen Geschmacks aus wird – das sei ausdrücklich betont – immer notwendig sein, schon um zwischen lebendiger und toter Form zu scheiden und den Weg zur ersten zu zeigen. Wer seine Aufgabe etwa einem Shakespeareschen Stück gegenüber mit der Inhaltsangabe, der Datierungsfrage und der Feststellung der Quellen, evtl. dem Verhältnis der verschiedenen Fassungen zueinander für erledigt hält, dem ist nicht zu helfen. Es verschlägt wenig, daß die kritische Bewertung der Form auseinandergehen kann, bei verschiedenen Betrachtern verschieden sein muß, die Hauptsache ist, daß der Blick überhaupt auf diejenigen Seiten des Kunstwerks gelenkt wird, *denen es seine Berühmtheit verdankt.*

Aber hier setzt nun ein Zweifel anderer Art ein. Wenn ich

noch so sicher zu gehn glaube, indem ich die künstlerischen Werte analysiere, die uns heute ein Werk lieb machen, indem ich die Schwächen aufzeige, die hölzerne Technik, die blasse oder unwahre Psychologie etwa, die sein Alter erklärt, so taucht doch die Frage auf: empfanden die Zeitgenossen diese Dinge wohl so, oder ähnlich so wie wir heute, oder fanden sie die Werte vielleicht in ganz anderen Dingen? Einige Beispiele machen das vielleicht besonders klar. In dem berühmten Gedicht von Peter dem Pflüger (14. Jahrh.) gibt es eine derb realistische Stelle, in der die sieben Todsünden vorgeführt werden. Ihr Treiben ist wie mit dem Pinsel des Jan Steen ausgemalt, und alle Literaturgeschichten rühmen deshalb gerade diesen Teil des Gedichtes, viele als den bei weitem besten. Aber empfand man ihn im 14. Jahrhundert, wo dies Gedicht beispiellos populär war, auch so? Warum fuhr dann der Dichter nicht in diesem Stile fort, statt in einer langatmigen Allegorie, die uns heute trocken und ungenießbar vorkommt? Muß diese Frage offen bleiben, so ist kaum ein Zweifel übrig bei einer der schönsten Stellen Shakespeares, der berühmten wie aus Blumenduft und Mondschein zusammengewobenen Schilderung der Fee Mab in ›Romeo und Julie‹. Eine bekannte zeitgenössische Anthologie, die überall die ihr am schönsten scheinenden Stellen auszieht, benutzt auch ›Romeo und Julie‹, aber gerade diese Verse übergeht sie, obgleich sie, wenig passend im Drama, sich dazu geradezu darzubieten scheinen.[1] Indes es bedürfte kaum dieser Beispiele, wissen wir doch und werden täglich durch das Schicksal der Größten, durch Shakespeare selbst wie durch Franz Hals, durch Rembrandt u. a. daran erinnert, daß der Geschmack etwas zeitlich, kulturell und soziologisch Bedingtes ist.[2]

Unsere Auffassung von heute also gibt uns im besten Falle, selbst da, wo wir bewundern nämlich, keine Garantie für die Harmonie mit der Vergangenheit. Aber sollen wir nun fortfahren, allein und ausschließlich Urteile von unserem Standpunkt abzugeben, die die nächste Generation wieder modifiziert, die wieder von der folgenden erschlagen wird usw. ad infinitum? Gäbe es

---

[1] Vgl. das Nähere in des Verfassers ›Shakespeare im lit. Urteil seiner Zeit‹, S. 22.

[2] Beispiele für ein direktes Mißverständnis der Shakespeareschen Kunstform durch die anachronistische Kritik des 19. Jahrhunderts siehe in des Verfassers Versuch: ›Primitive Kunstmittel und moderne Interpretation‹, G.R.M. 1912, S. 312 ff.

nicht einen Weg, zunächst einmal zu einer Auffassung der Dinge zu kommen, die dem Charakter der Literaturgeschichte als Wissenschaft gerechter wird? Offenbar kann ein solcher Weg nur in dem Versuch gefunden werden, zu allererst in das Kunstempfinden der Zeit einzudringen, die das Kunstwerk erlebte und ihm seine Stellung gab. Statt einer bloß anachronistischen Kritik zuförderst eine historische, das ist die erste Forderung, die die Wissenschaft an die Literaturgeschichte stellen muß.[3]

Aber an sie schließt sich naturgemäß eine andere, die sich aus der Frage mit Notwendigkeit ergibt: wie kommen wir überhaupt zu der Auswahl von Werken aus der literarischen Vergangenheit, die in unseren Literaturgeschichten vorliegt? Diese Frage könnte müßig erscheinen, wenn man nur an die überragenden Größen denkt, die ohne viel Widerspruch zu ihrer Zeit als die Könige der Literatur betrachtet und allgemein gelesen wurden. Daß von ihnen die Geschichte Notiz nimmt, ist selbstverständlich. Aber diese überragenden Erscheinungen sind fast die Ausnahme gegenüber der großen Mehrheit der behandelten. Was die ältere Zeit, Mittelalter und Anfang der Neuzeit angeht, so wird hier von der Literaturgeschichte ziemlich alles herangezogen, was überhaupt überliefert ist; von da ab tritt eine konventionelle Auswahl ein. Auf welchem Wege kommt sie eigentlich zustande? Offenbar ist sie in hohem Maße von der jeweiligen zeitgenössischen literarischen Kritik abhängig, ja man kann sie als deren schließliches Endresultat bezeichnen, eventuell bis zu einem gewissen Grade von der communis opinio korrigiert.

Nun lehrt uns aber ein Blick, nicht nur in jede Geschichte der literarischen Kritik, sondern in jede Tageszeitung, daß der Standpunkt der literarischen Kritik vielfach einseitig und ungerecht ist. Oft wird er nach Generationen völlig umgestoßen. Sollen wir aber denn nun, während wir uns das Recht wahren, die Tageskritik, die uns nicht paßt, als subjektiv abzulehnen, ihren als Literaturgeschichte wiederkehrenden Niederschlag als wissenschaftlich, d. h. objektiv annehmen müssen? Wobei noch einmal hervorgehoben sei, daß eben in der Auswahl gewisser Dichter und dem Zurückstoßen anderer in die ewige Vergessenheit ein Urteil liegt.

---

[3] Vgl. dazu auch Richard M. Meyers Forderung »Kritischer Poetik« in den ›Neuen Jahrbüchern für das Klassische Altertum‹ 1912, Bd. 29, S. 645 ff.

Unter solchen Umständen ist es notwendig, sich nach einem objektiveren Kriterium zunächst nur für die Wahl der Gegenstände der literarhistorischen Beschäftigung umzusehen. Das Kriterium kann nach Lage der Dinge nicht in der Sache selbst liegen. Denn so nahe uns immer wieder der Gedanke liegt, den künstlerischen Gehalt zum Maßstab zu machen, müssen wir uns doch immer wieder sagen, daß sich künstlerischer Gehalt nicht wie Goldgehalt experimentell nachweisen läßt.

Es bleibt also nur möglich, von dem Gesichtspunkt auszugehen, den der Charakter der Literaturgeschichte als ein Teil der Kulturgeschichte, als ein Bestandteil des jeweiligen geistigen Gehalts der Vergangenheit an die Hand gibt. *Was wird zu einer bestimmten Zeit in den verschiedenen Teilen des Volkes gelesen, und warum wird es gelesen,* das sollte die Hauptfrage der Literaturgeschichte sein.

Der erste Einwand, der gegen diese Formulierung erhoben werden kann, scheint der zu sein, daß man mit ihr das Urteil der Menge zum Maßstab machen würde, und daß kein vernünftig denkender Mensch in Fragen des Kunstgeschmacks die Stimmen zählen wird. Am meisten gelesen, wird man sagen, wird nicht immer das Gute. So feindlich sich auch die einzelnen Geschmacksrichtungen gegenüberstehen, darin werden sie übereinstimmen, daß die allergrößte Verbreitung in der Regel nicht diejenigen Werke finden, die künstlerisch das größte Interesse haben. Soll man etwa, weil die Marlitt hundertmal so viel Leser als die Ebner-Eschenbach findet, diese beiden im entsprechenden Verhältnis behandeln?

Darauf aber wäre dann zu erwidern, daß naturgemäß die Frage: was wird zu einer bestimmten Zeit gelesen, sich unter der Hand verwandelt in die Frage: was lesen die verschiedenen Bildungsschichten zu einer bestimmten Zeit? Diese Formulierung setzt eine gewisse Uniformität bestimmter Gruppen auch in Sachen des Geschmacks voraus, die in Wirklichkeit so nicht existieren kann, sondern eine Abstraktion ist. Denn wir wissen, daß die Geschmäcker immer auseinandergehen. Jedoch werden die Fälle, daß z. B. akademisch gebildete Leute sich an derselben Literatur wie ihre Dienstboten erfreuen, selten sein und Ausnahme bleiben. Je mehr wir aber in die Vergangenheit zurückgehen, desto schärfer getrennt werden die soziologischen Gruppen, desto typischer die Verhältnisse sein, und mit um so größerem Rechte werden wir von dem typischen Geschmack ganzer Schichten sprechen dürfen.

Wir werden also getrost die Frage stellen dürfen, was die verschiedenen Schichten lesen, und da ist nun zunächst der Gedanke, die Literatur der großen Masse wissenschaftlich nicht nur vom Gesichtspunkt des »guten« d. h. herrschenden Geschmacks, also da zu erfassen, wo sie, wie im Volkslied, produktiv geworden und wieder Anregungen für die Literatur auch der oberen Schichten gegeben hat, durchaus nicht von der Hand zu weisen, und es beginnen ja auch schon gelegentlich die Versuche dazu. Für den jeweiligen Anteil des niederen Volkes an der Bildung, für die Frage, in welchem Umfang und wie lange hier das Literaturgut bewahrt wird, das ehedem den Gebildeten gehörte, aber auch für die sich gleichbleibenden und die wechselnden Faktoren der Volkspsychologie müssen sich hier interessante Aufschlüsse ergeben.

Ertragreicher wird die Untersuchung der Lektüre der eigentlich kulturtragenden Schichten sein. Sieht man näher zu, so findet man, daß auch die Abgrenzung der höheren sozialen Schichten von den mittleren, z. B. Aristokratie und Bürgertum, vielfach den Geschmack weit stärker trennt, als es aus unsern Literaturgeschichten irgend zu ersehen ist. Mitte des 18. Jahrhunderts beispielsweise finden in der vornehmen Welt – oder doch vornehmlich in dieser – in England die schlüpfrigen Romane der Crébillon und Genossen eifrige Leser, andrerseits gibt es ganze Literaturgattungen, die in Ausübung und Publikum anscheinend beinahe völlig in den Händen der middleclasses sind wie z. B. das moralische Rührstück.[4]

Aber naturgemäß wird im Vordergrunde das Interesse an der Lektüre desjenigen Volksteils stehen, der überhaupt für die kulturelle Entwicklung der wichtigste ist, nämlich der jeweilig führenden Schicht. Und hierin gipfelt deshalb die ganze Frage: *was ist der Geschmack der führenden Bildungsschicht zu einer bestimmten Zeit?*

Hier wäre nun freilich die Frage aufzuwerfen: was macht denn

---

[4] *Lillo,* der Verfasser des ›Kaufmanns von London‹, der ›Fatal Curiosity‹, die an der Spitze des deutschen Schicksalsdramas steht, war Goldschmied, Moore, der Verfasser der ›Fatal Extravagance‹, war Leinenhändler, Kelly, der das an einem Morgen in 3000 Exemplaren verkaufte berühmte Stück ›The false delicacy‹ schrieb, war Korsettenmacher.

eine Schicht zur »führenden Bildungsschicht«? Etwa, daß ihre Vertreter die künstlerische, wissenschaftliche, soziale und politische Führung im Staate haben? Diese Definition verbietet sich schon durch die Erwägung, daß die gedachten Erscheinungen durchaus nicht zusammenzugehen brauchen, wie wir denn heute in Preußen wohl eine politische und teilweise auch soziale Führung der Junkerpartei, aber beileibe keine künstlerische oder wissenschaftliche haben. Man wird vielmehr als die führende Bildungsschicht diejenige Schicht bezeichnen müssen, *auf deren Willen und Mitteln die Kulturförderung künstlerischer und wissenschaftlicher Art wesentlich beruht.* Es ergibt sich unschwer, warum diese Abgrenzung den Vorzug verdient. Wenn wir als Beispiel die Rokokozeit in England heranziehen, so sehen wir wie die führenden Geister dort nicht eigentlich der Aristokratie entstammen, aber Leute wie Pope, Prior, Gay und tausend andere werden von der Aristokratie vornehmlich erhalten, gelesen und ermuntert, die Dichter orientieren sich nach ihr, ebenso wie die Gelehrten von ihrer Protektion leben, so daß man von dieser Zeit sagen kann, daß die Aristokratie in ihr die führende Schicht darstellt, trotzdem die Führer ihr nicht einmal zum größern Teil entsprießen.

Die führende Bildungsschicht nun gilt es in ihre charakteristischen Bestandteile aufzulösen, z. B. *Alter und Jugend.* Daß es Bücher gibt, die für charakteristische Lebensepochen die Lektüre bilden, ist allbekannt, wie denn Nichols z. B. Byrons ›Don Juan‹ bestimmt als das Lieblingsbuch des reiferen Mannesalters kennzeichnen zu können glaubt. Aber wie in politischen Bewegungen bisweilen der Jugend die Hauptrolle zufällt gegenüber Perioden, in denen alle politische Macht in den Händen älterer Leute ruht, so wechseln in der Literatur Zeiten, in denen junge Leute für die Jugend zu Worte kommen, mit entgegengesetzten. Wichtiger noch ist die Unterscheidung in *Männer- und Frauenpublikum.* Es gibt wohl zu allen Zeiten Werke, die speziell auf Frauen oder Männer gemünzt sind, d. h. deren ganze Gefühls- und Gedankenwelt mehr den einen oder den anderen entgegenkommt. So gilt etwa der ›Tristram Shandy‹ als ausgesprochenes »man's book«. Aber darüber hinaus scheinen ganze Literaturgattungen entweder vorzugsweise auf den Geschmack der Frauen abzuzielen oder überhaupt nicht mit ihnen zu rechnen. Die letzteren sind zumal die, in denen sich eine wüste Erotik austobt, in der das Weib zum bloßen Genußgegenstand herabgewürdigt wird. Hierher gehören große Teile des spätelisabethanischen Dramas.

Allein damit wäre das gedachte Gebiet erst so wenig eingeteilt wie Afrika auf einer Karte von vor 300 Jahren. Jede Periode, jedes Volk ist hier nach besonderen soziologischen Gesichtspunkten zu gruppieren. So wird man *hauptstädtische* Literatur von *Provinzialliteratur* zu scheiden haben, wie denn schon die elisabethanischen Theatertruppen, wenn sie sich auf die Provinztournee begaben, vorzugsweise ältere Schlager hervorsuchten, mit denen man in der auf Neuerungen erpichten Großstadt keinen Erfolg mehr hatte. Man wird ferner die durch die *Konfession* und innerkonfessionellen Strömungen geschaffenen Grenzen beachten müssen, die teilweise geradezu einen Querschnitt durch die soziale Schichtung bedeuten. –

Es läge im Wesen einer solchen Untersuchung, daß sie genau auch auf den *Grad der Verbreitung* einginge und feststellte, wieviel der Bücher in Händen des betreffenden Publikums waren. Wichtiger aber wäre noch die Feststellung, in welcher Art sich das *seelische Verhältnis* des Publikums zu den Trägern der Literatur äußerlich dokumentiert. Denn in der Geschichte der Literatur haben wir es auch hier mit einer sehr wechselnden Stellung des Publikums in gemütlicher Hinsicht zu tun. Es ist bezeichnend, wenn das verhältnismäßig arme Deutschland von 1867 für den Sänger seiner leidenschaftlichen politischen Jugendträume, Ferdinand Freiligrath, über 180 000 Mark zusammenbrachte, während eine Sammlung für Liliencron genau ein Menschenalter später (im Jahre 1897) wenig über tausend Mark ergab. Man denke auch an die beständigen Zuwendungen an Wordsworth, den Liebling des englischen Bürgertums.

Solcherweise wäre das Publikum und seine Lektüre erst einmal festzustellen. Wie wenig das die Resultate unserer bisherigen Arbeit erlauben, liegt auf der Hand. Unsere Literaturgeschichten geben selbst auf die ganz allgemein gehaltene Frage: was las man zu der oder jener Zeit? keine Antwort oder nur in den wenigen Fällen eine leidlich richtige, wo wie beim ›Werther‹ oder Byrons Werken dem Erscheinen gleich große Popularität in verschiedenen Schichten folgte. Wird aber ein Werk unter dem Erscheinungsdatum behandelt, so erfahren wir weder, in welcher Bildungsschicht es aufgenommen, noch wissen wir, ob man es überhaupt schon las oder vorzugsweise las oder aber kannte und ablehnte.

Die Geschichte der literarischen Kritik ist freilich in Angriff genommen, aber sie zeigt, je weiter wir zurückgehen, nur einseitige Urteile auf und ist mit einer Geschichte des Geschmacks beileibe nicht gleichzusetzen.

Praktisch bietet nun die gedachte Aufgabe in der Neuzeit ebenso große Schwierigkeiten durch die Überfülle, wie in der älteren, namentlich mittelalterlichen Zeit, durch den Mangel an Material. Die Wahl des Stoffes, direkte Bemerkungen über beliebte Themata, Namenbenennungen nach literarischen Helden, Vergleiche mit ihnen und Derartiges müssen aus der ältesten Zeit als vorsichtig benützte Zeugnisse dienen, aus späteren Jahrhunderten kommen die Häufigkeit der gefundenen Handschriften, Zitate, Briefnotizen u. dgl. dazu, während seit Einführung des Buchdrucks schon die Auflageziffern, Verlegerurkunden, briefliche und sonstige Mitteilungen über die Art und den Grad der Verbreitung aussagen.[5]

Nur mit der Feststellung dieser Verhältnisse würde man eine kulturhistorisch richtige Perspektive bekommen. Niemals ist das so deutlich geworden wie im gegenwärtigen Zeitpunkt, wo ein großer Teil der literarischen, der Presse-Kritik sich in dem Urteil über zeitgenössische Kunstwerke der redenden genau wie der bildenden Künste so weltenweit von dem Urteil der führenden Bildungsschichten entfernt hat und wir eine Kunst, die eine gemeinsame nationale Angelegenheit wäre, nicht besitzen. Es geht nicht an, daß die Literarhistoriker der Zukunft von unserer Zeit als der Hauptmanns oder gar Wedekinds reden, denen ein so außerordentlich großer Bruchteil der Gebildeten kühl oder ablehnend gegenübersteht, ebensowenig wie die Kunsthistoriker der Zukunft um ein paar einflußreicher Narren halber, die sich soziologisch nicht schwer klassifizieren ließen, uns allgemein Expressionismus, Kubismus u. A. auf's Konto setzen dürfen. Wie wenig in dieser Hinsicht die Begriffe geklärt sind, ergibt sich auch daraus, wenn vor etwa zehn Jahren gelegentlich die germanistischen Studenten an der Sorbonne mit Übungen über deutsche fin de siècle und

---

5 Als Material für Arbeit, die nach dieser Richtung vorgeht, können schon die Untersuchungen über die Belesenheit gewisser Dichter verwertet werden, deren neuerdings eine Anzahl vorliegen, doch sind sie von einem andern Gesichtspunkt aus orientiert, denn nicht auf die individuelle Lektüre als Quelle, sondern auf typische Verhältnisse, kommt es hier an.

décadence-Lyriker beschäftigt wurden, die dem gebildeten deutschen Bürgertum so gut wie vollkommen unbekannt waren. Eine Kaffeehausliteratenkunst wurde als »deutsche Literatur der Gegenwart« betrachtet. Aber zur Literatur gehört ein Publikum, und erst durch dieses und durch seine Qualität erhält die Kunst ihre historische Bedeutung, nicht etwa dadurch, daß sie in »fortgeschrittenen« Zeitschriften angepriesen und verhimmelt wird.

Die zweite große Frage, die in diesem Zusammenhang Beantwortung erheischt, ist die: *warum werden zu einer bestimmten Zeit gewisse Werke gelesen?* Naturgemäß liegen die letzten Gründe dafür in der jeweiligen seelischen Struktur der betreffenden Schicht. Mit der sozialen, politischen, religiösen, wissenschaftlichen Ideenwelt, in der sie sich bewegt, wird die künstlerische stets in irgend einem Zusammenhang stehen, den aufzuzeigen eine der ersten Aufgaben der Literaturgeschichte ist. Schon mit der bloßen Feststellung, welcher Bildungsschicht eine bestimmte Gattung Literatur als Lektüre dient, wird man die Beantwortung dieser Frage wesentlich gefördert haben. So ist es ein wertvoller Fingerzeig, wenn Byron selbst von seinen orientalischen Verserzählungen sagt, daß sie für ein Damenpublikum geschrieben seien und von ihm verschlungen würden. Oder man wird bei der Kunst Heyses und der Ebner-Eschenbach im Auge behalten müssen, wie das Publikum dafür sich in den Schichten des höheren Bürgertums findet. Ihre geistige Struktur zu zeichnen, heißt schon die Grundlagen für das ästhetische Gefallen an den betreffenden Werken angeben.

Aber wenn man diese Struktur als gegeben annimmt und die Werke gleichfalls als vorhanden voraussetzt, so bleibt noch die wichtige Arbeit übrig, den treibenden Kräften nachzugehen, die sich in den Dienst eines bestimmten Geschmacks stellen, um ihm zur Geltung zu verhelfen. Für den Leser unserer Literaturgeschichten könnte es den Anschein haben, als ob die in ihnen behandelten Werke selbsttätig das Auge und Ohr des Publikums gewännen. Aber die Fälle, in denen jemand eines Morgens erwachte und sich berühmt fand, sind äußerst vereinzelt. Je mehr die Kultur vorrückt, desto weiter wird der Weg von der Kunst zum Publikum. Mit der großen Trennung der Bildungsschichten, wie sie zumal in der Renaissance eintritt, mit der fortschreitenden Individualisierung der folgenden Jahrhunderte wandert auch die literarische Produktion eigene Wege, und die Masse auf ihm nachzulocken, ist nicht leicht. Wenn wir z. B. feststellen, daß Ben Jonson sich als neoklassizistischer Dramatiker durchsetzt, so daß selbst erfolg-reiche Volksdramatiker wie Marston vor ihm die Waffen strecken, obgleich sein Theater anfangs großenteils leer bleibt, so fragen wir schon hier: mit welchen Mitteln werden diese Erfolge eigent-lich erreicht? Wer veranlaßt die Theaterdirektoren, diese wenig zugkräftigen Stücke aufzuführen? Sind hier anscheinend soziale Einflüsse am Werk, hochgestellte Gönner und Freunde, so spielt der literarische Patron in der älteren Zeit überhaupt eine Rolle, die man sich gar nicht wichtig genug vorstellen kann. Der litera-rische Patron ist die erste Station zwischen Dichter und Publikum (in vielen Fällen bleibt er die letzte). In der Geschichte des Ge-schmacks verdienten gewisse Patrone die ausführliche Behandlung, die in neuerer Zeit ihrem Nachfolger gebührt: dem Verleger. – Mit der literarischen Produktion eines Werkes nämlich ist in der neueren Zeit an sich noch nicht viel mehr getan als mit dem blo-ßen Geborenwerden. Die Erfahrung lehrt ja, daß in den seltensten Fällen der Laie auf direktem Wege in Berührung mit dem Kunst-werk kommt. Ein verhältnismäßig kurzer ist die Bühne, und auch daher die Sehnsucht so vieler Schriftsteller nach dem Theater. – Als die stärkste treibende Kraft in der Geschichte des Ge-schmacks pflegt man die literarische Kritik anzusehen, indes doch nur sehr bedingt mit Recht. Es ließen sich leicht Fälle anführen, wo ein übereinstimmendes Lob der Kritik von keiner entschei-denden Wirkung war, und umgekehrt litt weder Sternes noch By-rons Weltberühmtheit unter den heftigen Angriffen eines guten Teils der besten Kritiker. Die Reihe der von der Kritik beeinfluß-ten Leser ist eben stets beschränkt gewesen. Andererseits ist die Zahl derer, die für sich selbst entdecken, wie schon gesagt, gering. Es gehört dazu ein ausgebildetes Urteil, das den meisten fehlt. Wenn Browning als halbes Kind den Shelley für sich entdeckte, so ist das eine Ausnahme, auf die er selbst stolz ist. Regulärer ist der Fall, wie er sich in Keats' Leben zuträgt, der von dem Maler Haydon erst auf Wordsworth gebracht wird. Ähnlich er-schließt Shelley erst Byron die Augen für Wordsworth. Wir haben hier eine typische Erscheinung, auf die Paul Ernst schon einmal aufmerksam gemacht hat, nämlich die Verbreitung von kleinen sich erweiternden Zirkeln aus. Die Geschichte des Geschmacks in neuerer Zeit ist eine Geschichte der ästhetischen Gemeindenbil-dung. Das Verständnis schreitet von Person zu Person fort.

In konservativen Perioden gilt das schon für Kunst, die wenig

Umlernen verlangt. Wie denn die literarischen Erfolge Tennysons in ihren Anfängen dieselbe Erscheinung zeigen. Die Studentengesellschaft der »Apostel« in Cambridge, der er angehört, verhilft offensichtlich dazu, seinen Ruhm ins Weite zu tragen. Ähnlich helfen sich die Präraffaeliten. Aber namentlich wo es sich um eine ganz neue, fremdartige Kunst handelt – die nicht wie die Tennysons überall in alten Gleisen geht –, spielt diese persönliche Propaganda eine Rolle. Indem ihre Vertreter solchem Geschmack den Weg bahnen, bereiten sie nun gleichzeitig auch das Feld für ähnlich organisierte neue Talente. Die Phasen dieses wichtigen Prozesses zu verfolgen läge der Geschichte des Geschmacks ob.

Dabei gälte es auch die Rolle festzustellen, die literarische Vereinigungen, Akademien und Gesellschaften und die in ihr führenden Kräfte bei der Ausbreitung eines bestimmten Geschmacks gespielt haben. Wie denn Literatur niemals von der Geselligkeitslehre zu trennen ist. Für die neuere Zeit käme unter anderen wichtigen Stationen zwischen Kunst und Publikum noch die Entstehung, Ausbreitung und der Charakter der Leihbibliotheken und Lesezirkel in Frage.

Wer mit offenen Augen in die Welt blickt, dem wird es aber auch nicht dunkel bleiben, daß es sich gelegentlich bei der Entstehung des Geschmacks nicht ausschließlich um einen Kampf der Ideen, sondern auch um eine Konkurrenz sehr realer Machtmittel handelt. Mit dem Buchhandel setzt der Kampf der Kunst um das Publikum ein, und wenn auch die Muse und nicht der Verleger den Dichter macht, so ist doch das bekannte Streben der Literaten nach Verlegern, die »etwas für ihre Bücher tun« von einer klugen Einsicht in den Lauf der Dinge bestimmt. – Wenn wir das Zustandekommen von Berühmtheit beobachten, während der Prozeß recht eigentlich sich abspielt, so nehmen wir ferner gelegentlich ein Cliquenwesen in der Kritik wahr, durch das ein einzelner Künstler systematisch in die Höhe gelobt, ein anderer planmäßig heruntergerissen zu werden scheint. Hier sind vielfach äußere Umstände, soziale und persönliche Einflüsse, denen es nachzuspüren gilt, am Werk. Bisweilen auch sehen wir den Autor selbst als seinen erfolgreichsten Agenten und Herold seiner Muse dienen.[6]

---

[6] Einer der ersten Leute unter den großen Berühmtheiten der modernen Literatur, der die Notwendigkeit der Reklame in dieser schlechten Welt

Vor allem aber sehen wir, wie schon der erste Einlaß durch die Torwächter am Tempel des literarischen Ruhmes von bestimmten Bedingungen abhängig ist. Als solche Wächter kann man Theaterdirektoren und Verleger bezeichnen. Wie oft hat nicht das Schicksal eines originellen Werks, das Epoche gemacht und zahlreiche Nachahmungen hervorgerufen hat, von dem Geschmack eines einzelnen Verlegers abgehangen! Und wie dieser seinerseits sich im Banne einer bestimmten Zeitanschauung befinden kann, zeigen die allgemein bekannten Fälle, in denen berühmt gewordene Autoren an einer Tür nach der andern vergebens anklopften. Gerade der Fälle halber aber, in denen trotz solcher Schwierigkeiten einzelne dichterische Persönlichkeiten nachher hochkamen, an dem kindlichen Glauben festhalten zu wollen, »daß das Gute sich durchsetzt«, das wäre etwa so, wie anzunehmen, daß stets, wo die Not am größten, die Hilfe am nächsten ist, weil sich dies in einigen sehr rührenden, uns allen aus Schullesebüchern bekannten Beispielen so zugetragen. In Wirklichkeit kann man weder sagen, daß »das Gute« sich durchsetzt noch daß sich ganz allgemein durchsetzt, was die Zeit verlangt, sondern wir müssen mit dem allerstärksten Einfluß des Geschmacks einer gewissen Anzahl von bestimmten Persönlichkeiten und Cliquen rechnen, in deren Händen sich die organisatorische Macht befindet. Herr Cotta und Herr Brahm z. B. sind zwei wichtige Faktoren für die Geschichte des Geschmacks in Deutschland gewesen.

Besonders deutlich tritt das hervor bei der von großen Mitteln abhängigen dramatischen Kunst. Hier gelingt es dem Strebenden in außerordentlich vielen Fällen überhaupt nicht, das Ohr des Publikums zu erreichen, oder wenn es geschieht, so ist es oft ein Teil des Publikums, dessen kritischer Befähigungsnachweis ebenso zweifelhaft wie sein Urteil gewichtig ist. Wenn das Berliner Premierenpublikum z. B. jahrzehntelang über das Schicksal von Stükken, Autoren und damit Geschmacksrichtungen schlechthin entschied, so fragte sich der gebildete Mann in der Provinz vergebens, inwiefern in seiner Zusammensetzung eine besondere Legitimation zu finden wäre. Dabei aber blieb noch zu berücksichtigen, daß

begriff und seinen Verleger nach Kräften bei ihr unterstützte, war der Verfasser des ›Tristram Shandy‹, der selbst seiner Geliebten Briefe in die Feder diktierte, in denen sie ihre Bekannten in London auf das fabelhafte neue Buch des bisher unbekannten Pfarrers Sterne aufmerksam machte.

in allen Fällen schon die Annahme oder Ablehnung der Stücke seitens der Theaterdirektoren von der Rücksicht auf den vermeintlichen Geschmack eben dieses Publikums sehr wesentlich mitbestimmt war.

Indes die Erkenntnis des literarischen Geschmacks zu bestimmten Perioden sowie der Wege, auf denen er zur Geltung gekommen ist, führt zu einer dritten Aufgabe, die im Sinne der Literaturgeschichte selbst die dankbarste ist, nämlich der, *den Einfluß des Geschmacks auf die Entstehung der Literaturwerke selbst* festzustellen. Wer diese Frage oberflächlich betrachtet, der wird für sie bald die Antwort zur Hand haben, mit der viele Künstler im Privatgespräch sie abzutun glauben, daß nämlich der Künstler den Geschmack und nicht der Geschmack die Kunst hervorriefe, während manchen andern diese Frage an die ähnliche erinnern wird, ob das Ei oder die Henne früher da war. Nun ist es ja freilich offenbar, daß ganz allgemein gesprochen der Initiative des Künstlers ein außerordentlicher Anteil gebührt. Wir erleben hier einen Prozeß, der sich im großen und ganzen in verschiedenen Zeiten vielfach ähnlich zuträgt. Künstler, die so ungeheuer auf die Nachwelt eingewirkt haben wie Shakespeare, Schiller und Byron, haben das miteinander gemeinsam, daß sie zuerst in die Höhe kommen durch Werke, die sich sichtlich in einer bestimmten, schon angebahnten Tradition bewegen, und daß sie dadurch eine Art von Freibrief für neue Wege erhalten, auf denen sie erst recht eigentlich zur vollen Entfaltung ihres originellen Könnens gelangen. Sie haben das Publikum für sich gewonnen, und das Publikum geht mit ihrer Person mit. Allein mag damit auch ein Prozeß gekennzeichnet sein, der sich in dem Schaffen außerordentlich vieler Künstler, die Schule machen und also auf den Geschmack stark einwirken, zuträgt, so ist doch diese künstlerische Freiheit, die sich der Schaffende erwirbt, zu bestimmten Zeiten sehr verschieden beschränkt gewesen. Diese Beschränkung aber wird gegeben durch die Rücksicht auf das Publikum. Und gerade in dieser Rücksicht nun kann man, wie es scheint, drei verschiedene Perioden unterscheiden. Die erste Periode könnte man bezeichnen als die der *Rücksicht auf einen kleinen Kreis von Auftraggebern, als deren Mundstück sich der Dichter fühlt*. Als Beauftragter tritt der Dichter zuerst in der Literaturgeschichte auf. Wirtschaftliche Gründe machen ihn vollkommen abhängig. Der Dichter von ›Deors Klage‹ wird von seinem Herrn auf die Straße geworfen,

weil ihm ›Heorrenda‹ besser gefällt. Dadurch kommt er ins Elend.
Dem Herrn also hat er zu gefallen. Es gilt der Spruch: Wes Brot
ich esse, des Lied ich singe. Der Sänger geht mit dem König,
nicht weil sie beide auf der Menschheit Höhen wandeln, sondern
weil der König der einzige ist, dem seine Mittel erlauben, jeman-
den nur der Unterhaltung wegen zu ernähren. Selbstverständlich
dankt der Beschenkte den Lohn durch Königstreue. So trieft der
›Beowulf‹ von loyaler Gesinnung, und überall spürt man in ihm
das ängstliche Bestreben, die Autorität des Königs selbst da zu
retten, wo die geschilderten Vorgänge es kaum mehr erlauben.[7]
Einen guten Eindruck von der Stellung des Sängers am altengli-
schen Hofe gibt ferner die Schilderung, wie der scop des Dänenkö-
nigs Hrodgar ein Lied improvisiert, in dem er die Taten des königlichen Gastes, Beowulf, die sich eben, sozusagen vor den Augen
der Hörer, zugetragen, in rühmenden Versen besingt. Er ist damit
das Mundstück des königlichen Herrn und des Hofes. Was die
andern empfinden, bringt er auf einen künstlerischen Ausdruck. –
Im Laufe der folgenden Jahrhunderte und namentlich mit der
Ausbildung des Feudalismus wird der Kreis, in dessen Sinn und
Auftrag der Dichter spricht, zeitweilig weiter. Aber der berufsmä-
ßige Dichter, der allein nach der Meinung der Zeit große Literatur
schafft, hängt immer noch von einem verhältnismäßig kleinen,
aristokratischen Kreise ab. Ein großer Teil der Dichtungen Chaucers wie das ›Buch von der Herzogin‹, das ›Parlament der Vögel‹
u. a. sind schlechthin Gelegenheitsdichtungen. Die ›Canterbury-
Geschichten‹ sind es anscheinend nicht. Merkwürdigerweise scheint
nie jemand die Frage aufgeworfen zu haben, für wen sie eigentlich
bestimmt sind.[8] Und doch hat man vom ›Beowulf‹ an in dieser
Periode stets zu fragen: cui bono?, eine Erwägung, die auch durch
die Resultate von Bédiers Forschungen besonders nahegelegt wird,
d. h. hier: der Inhalt und die Form des Erzählten erhalten ihre
Direktive durch den Besteller. Dieser Einfluß des direkten oder

---

[7] Vgl. den treffenden Hinweis von Schröer in ›Grundzüge und Haupt-
typen der englischen Literaturgeschichte‹, S. 41 und ›Beow‹ V. 863 u. ö.
[8] Daß sie für einen gänzlich andern Kreis als die übrigen Dichtungen bestimmt seien, schien früher die Abfassungszeit nahezulegen, die mit dem
allgemein angenommenen gänzlichen Umschwung seiner Lebensverhält-
nisse so auffallend zusammenfiel, doch vgl. jetzt die Kritik unserer bisherigen Anschauungen über Chaucers Leben bei James R. Hulbert,
›Chaucer's official Life‹. Univ. of Chicago. Dissertation 1912.

indirekten Auftraggebers bleibt in verschiedenartiger Form viele Jahrhunderte hindurch erhalten. Noch zu Shakespeares Zeiten ist er für eine gewisse Art von Kunst direkt bestimmend, wie denn Shakespeare selbst in den bekannten demütigen Widmungen seiner Epen dem aristokratischen Gönner das ganze Verdienst an seinen erzählenden Schöpfungen zuspricht. In den Sonetten aber gibt er schmerzlichen Klagen über den Einfluß eines »Rival Poet« bei seinem Gönner Ausdruck, die lebhaft noch an die traurigen Betrachtungen Walthers von der Vogelweide erinnern, wie er am Thüringer Hof nicht durchdringen könne. Den Todesstoß hat die letzte Form des Patronats dieser Art wohl erst durch den berühmten Brief Johnsons von 1755 erhalten, in dem er Lord Chesterfield seine Gönnerschaft vor die Füße wirft. Er kann es nur, weil mittlerweile ein Publikum entstanden ist, dessen Interesse ihn von dem hohen Herrn unabhängig macht. Seitdem ist der letzte Rest solchen Einflusses verschwunden, und nur als literarhistorisches Rudiment einer früheren Periode lebt in England der poeta laureatus fort, der bei patriotischen Gelegenheiten wie einst der scop im Sinne seines Auftraggebers in die Saiten zu fallen hat. Indes ist auch diese Verpflichtung nur noch moralisch und ihre Verabsäumung mit materiellen Nachteilen nicht mehr verknüpft. – Eine gewisse Hof- und Jubiläumskunst wahrt bei uns diese Tradition.

Die fortgeschrittenere Form ist die, daß der Autor nicht mehr im Hinblick auf die Billigung eines bestimmten Gönners oder eines kleinen sozial geschlossenen Kreises, sondern mit Rücksicht auf ein gemischtes Publikum arbeitet. Hat diese Form auch von jeher bestanden, so wurde diese Kunst doch als minderwertig angesehen, und der Autor blieb meist noch mehr im Dunkel als bei der andern. Zur vorherrschenden Form wird sie erst überraschend spät. Nur mit Einschränkung kann man sagen, daß sie ihre erste große Blüte im englischen Theater erlebt. Der elisabethanische Dramatiker ist nicht mehr von dem Wohlwollen eines Patrons abhängig, sondern von den Eintrittsgeldern der Theaterkasse. Es begreift sich leicht, ein wie ungeheuer viel größerer Spielraum ihm damit geboten ist. Er kann experimentieren, es wagen, dem kühnsten Einfall, der unerhörtesten Neuerung Ausdruck zu geben, denn das Auditorium besteht aus vielen Köpfen, vielleicht, daß, was dem einen nicht gefällt, dem andern um so stärkeren Beifall entlockt. Der einzelne aristokratische Gönner ist in der Regel konservativ gesonnen; was seine Väter schätzten, ist auch ihm wertvoll, er

wahrt Traditionen auch in der Kunst, erst *die* Kunst, die sich
an die traditionslose Menge wendet, kann daher frei von histori-
schem Ballast sein und kann sich um so rascher entwickeln. Die
günstigsten Bedingungen liegen für das Theater vor, das im Gegensatz zu allen andern Literaturgattungen die Kunst der Stadt
ist. So kann sich hier die höchste Blüte entfalten, und zwar um
so eher, als der Realismus und die realistische Psychologie ebenso
volkstümlich wie unaristokratisch sind. Charakteristisch dafür,
wie der Unterhalt gebende Gönner die Marschroute vorschreibt,
während sich gegenüber dem gemischten Publikum die Eigenart
des Schaffenden frei entfalten kann, ist ein Fall wie der des Verfassers der ›Spanish Tragedy‹ Thomas Kyd. Auf der Volksbühne
lebt dieser sein eigentliches, ungewöhnlich großes Talent aus, indem er die ›Spanish Tragedy‹ schreibt, die auf die folgende Literatur, Shakespeare nicht ausgeschlossen, den stärksten Einfluß aus-
geübt hat. Hier gibt er sich originell, mit krassen Effekten, Ansätzen zu großartiger psychologischer Motivierung, aufs äußerste ge-
steigerter dramatischer Spannung und gewinnt damit den Beifall
der Menge. Aber da er offenbar, wie derzeit üblich, um die materiellen Früchte seiner Arbeit betrogen wird, so begibt er sich in
den literarischen Dienst der aristokratischen Clique und produ-
ziert nun die Übersetzung einer klassizistischen Tragödie von Gar-
nier, die von den oben angeführten Vorzügen keinen aufweist,
aber dafür dem »gebildeten« Geschmack seiner Gönner entspricht.
Man denke sich die Volksbühne weg, und das Talent dieses Mannes hätte niemals etwas für die Nachwelt Bemerkenswertes hervorgebracht. Nicht viel anders ist der Unterschied zwischen der
innern Freiheit der Shakespearischen Dramen und der viel stär-
kern traditionellen Gebundenheit seiner Epen zu erklären. Allein
die gekennzeichnete Kunst des elisabethanischen Theaters stellt
deshalb noch nicht den Sieg der fortgeschrittenen Form über die
frühere dar, weil das Volksdrama in dieser Zeit *nicht* eigentlich
als Literatur aufgefaßt wird. Das ist bei Werken, die sich an das
große Publikum wenden, erst später der Fall, und einer andern
Literaturgattung scheint es vorbehalten geblieben zu sein, sich
dann ein breites gebildetes Publikum zu schaffen, von dem sie
hochgewertet wird, nämlich den moralischen Wochenschriften.
Das 18. Jahrhundert recht eigentlich bildet dann das Schreiben
für ein allgemeines Publikum aus, das in gewissen Formen freilich
schon früher existierte und noch später, d. h. bis heute, weiterlebt,

aber doch längst von einer höheren Auffassung aus seiner herrschenden Stellung verdrängt ist. Es kann kein Zweifel sein, daß Shakespeare sich in einem Maße im Dienste des Publikums fühlt, das der heutige Dramatiker als seiner unwürdig ablehnt. Die Wahl des Themas bei ihm, gewisse Plumpheiten der Technik zu Verdeutlichungszwecken, die volkstümliche Herrichtung einzelner Charaktere wie desjenigen der Cleopatra, unzugehörige Clownszenen[9] entstammen durchaus der Rücksicht auf das Publikum. Vor allen Dingen wird niemals der allgemeinen Meinung eine spezielle These entgegengesetzt. Und obgleich die Folgezeit eine fortgesetzte Emanzipierung des Autors herbeiführt, sehen wir noch bei einem Mann wie Richardson, wie er unablässig Direktiven vom Publikum entgegennimmt. – Mittlerweile aber taucht eine Auffassung vom literarischen Schaffen auf, die über die beiden genannten Stufen weit hinausführt. Es ist die, bei der der Autor überhaupt von dem tatsächlich vorhandenen Publikum abstrahiert und sich nur noch durch die *Rücksicht auf den idealen Leser* bestimmen läßt. – Der Unterschied wird sofort klar, wenn man das Schaffen eines Mannes wie Shelley mit den Dichtern der früheren Perioden kontrastiert. Hier haben wir es mit einem Manne zu tun, der auf der Welt nur seinen eigenen Geschmack und seine eigene Überzeugung für sein Werk gelten läßt. Noch Shakespeare hatte in den ›Macbeth‹ eine Szene eingefügt, in der der englische König durch Handauflegen Kranke heilt, nur deshalb, weil auch sein Zuhörer Jacob I. sich diese Fähigkeit zutraute; er hatte, was uns moralisch weit bedenklicher erscheint, in dem gleichen Stück die Unheil stiftenden Hexen auf die Bühne gebracht, weil derselbe König einer der rabiatesten Hexenverbrenner war. 200 Jahre später kann ein Dichter wie Shelley es als selbstverständlich hinstellen: »Schreibe nichts, es sei denn, daß deine Überzeugung von seiner Wahrheit dich zum Schreiben treibt. Du sollst den Verständigen Rat erteilen und nicht ihn von den Einfältigen entgegennehmen. Die Zeit kehrt das Urteil der blöden Menge um. Die zeitgenössische Kritik stellt nur die Summe der Torheit dar, mit der das Genie zu kämpfen hat.« (Trelawney, Records 1887, S. 22)

Hier ist, wie man sieht, keinerlei Abhängigkeit mehr, und die hier erkämpfte absolute Freiheit, die der gänzlich veränderten so-

---

[9] Vgl. des Verfassers: ›Shakespeare als Volksdramatiker‹, Internationale Monatsschrift 1912, Nr. 12, und G.R.M. 1912, a. a. O.

zialen Stellung des Künstlers entspricht, ist mittlerweile längst in unsern Anforderungen an die Kunst zum *Dogma* geworden, ohne sich freilich immer durchgesetzt zu haben.

Einer der bittersten Kritiker des literarischen Englands von gestern, George Gissing, hat noch mit Abscheu die Tatsache hervorgehoben, wie fast alle literarische Arbeit für den Markt zugerichtet sei, und die Schriftsteller wie H. G. Wells, der sich in der Einleitung zum ›Neuen Machiavelli‹ (1910) stolz und fast prahlerisch seiner Unabhängigkeit rühmt, bringt schon zwei Jahre später im Roman ›Marriage‹, wie er selbst zugibt, dem Publikum den wichtigen Punkt seines Programms zum Opfer, die Psychologie der Erotik vorurteilslos mitzubehandeln. Daß die Verhältnisse bei uns, namentlich soweit es sich um Erzählungen handelt, die zuerst in Zeitschriften erscheinen, durchaus gleichartig sind, ist bekannt. Aber auch bei den ganz Großen gibt es vielfach eine Abhängigkeit vom Publikum, die sehr verschiedener Art sein kann. Man weiß, wie Byrons Kunst von der Rücksicht auf das Publikum nicht unbeeinflußt blieb, so selbstherrlich er sich gebärdete, und man bemerkt, wie andrerseits Tennyson zu seinem größten Schaden seine innere Entwicklung stets beinahe gewaltsam der Vorstellung anpaßt, wie ein Dichter sein müsse, der dem Volk Brot des Lebens reichen wolle. Liegt dieser Fall insofern anders, als hier kein Opfer der Überzeugung gebracht wird, so sehen wir doch noch mit Erstaunen, daß ein so rabiater Verfechter aller individuellen Rechte wie Ibsen bei der Aufführung seiner ›Norah‹ die Erlaubnis gibt, durch die Änderung des Schlusses seinem Stück die Spitze umzubiegen. Eine andere Art der Abhängigkeit vom Publikum liegt in der recht eigentlich erst in der zweiten Hälfte des 19. Jahrhunderts aufgetauchten Eigenheit des »épater le bourgeois«, einer Kunst, die abstößt, um sich interessant zu machen. Diese Art steht, namentlich in gewissen Zweigen der bildenden Kunst, heute besonders in Blüte.

Indes alles das ändert nichts an der Tatsache, daß wir heute die absolute Unabhängigkeit vom Publikum als sittliche Forderung an den Künstler stellen, mag sie auch noch so oft in der Praxis Fiktion bleiben.

Gewiß sind mit dieser Einteilung nur ein paar blasse Umrisse entworfen, die möglicherweise durch die genauere Darstellung der Geschichte des Geschmacks sich noch verschieben. Aber schon sie lassen große und fruchtbare Arbeitsgebiete ahnen, die wissenschaftlich ergiebiger sind als manche Felder, auf die die Literaturgeschichte allmählich abgekommen ist. Hat sich doch gerade in der neueren Literaturgeschichte das Interesse großenteils von den Werken derart auf die Personen verschoben, daß wir mit ihren einzelnen Lebensumständen bis in Intimitäten und Trivialitäten hinein bekannt gemacht werden, die zur Erkenntnis ihrer Werke wenig mehr beitragen. Die Literaturgeschichte als Teil der allgemeinen Kulturgeschichte kommt dabei zu kurz. Die Literaturgeschichte, so könnte es fast scheinen, hat eine Entwicklung genommen, die in manchem der allgemeinen Geschichtswissenschaft parallel geht. Auch diese ließ sich zuerst neben der Darstellung pathologischer Krisen im Völkerleben an der isolierten Biographie führender Geister genügen, bis sie sie als Teilerscheinung der genetischen Entwicklung des soziologischen Ganzen zu begreifen suchte, dem genialen Worte Herders folgend: »Unsere ganze mittlere Geschichte ist Pathologie und meistens nur Pathologie des Kopfes, d. i. des Kaisers und einiger Reichsstände. *Physiologie* des ganzen Nationalkörpers – was für ein ander Ding!« Auch die Literaturgeschichte in Zusammenhang mit dem »ganzen Nationalkörper« zu setzen, welch lockende Aufgabe!

Oskar Walzel

Erich Schmidt

[1913]

Zweimal versuchte ich in den jüngsten Jahren, Charakterzüge des Menschen und des Gelehrten Erich Schmidt in Worten festzuhalten.[1] Ich darf behaupten, daß er selbst sich in diesen Ansätzen zu einem Porträt wiedergefunden hat. Und so wäre vielleicht das Ratsamste, heute nur in wenigen Strichen die älteren Zeichnungen zu wiederholen und nicht eine Erweiterung und Vertiefung zu suchen; heute da Schmidts jäher Tod die Ruhe raubt, die ein gewissenhafter Porträtist benötigt. Nur durch einen Zufall erfuhr ich am Vortage, wie sehr sein Zustand sich verschlimmert hatte.

---

[1] Deutsche Literaturzeitung 1910, Sp. 2657 ff. Literarisches Echo 1912, Bd. 14, Sp. 1332 ff.

Das Leiden, das ihn seit Jahren quälte, gewährte ihm zwischendurch Zeiten täuschender Erholung; als ich zum letztenmal mit ihm zusammen war, schien er mir trotz Julihitze und Semesterschluß so frisch und beweglich, daß spätere bedenklichere Nachrichten mir wenig Angst bereiteten. Damals konnte ich ihm von Jakob Minors Krankheit berichten, von dem ich einige Tage früher unwissentlich für dieses Leben Abschied genommen hatte. Neben der Zerstörung, die ein rascher um sich greifendes Siechtum in Minors Erscheinung zustandegebracht, erschien mir Schmidt doppelt siegreich im Kampf gegen sein viel älteres, längst wirksames Leiden. Aus reinem Herzensanteil kam alles, was er damals über Minors Schicksal äußerte, nicht aus einem bedrückten Gemüt, das gleiches für sich selbst befürchtet und in dem Unglück eines anderen nur das Spiegelbild eigenen Mißgeschicks beklagt. Unverzagt rang er seitdem weiter und bis zum letzten Augenblick hielt er treu bei der Fahne aus. Seiner Staatsdienerpflicht genügte er bis an sein Ende. Der Nachricht, daß er für eine kurze Spanne Zeit sich Erleichterung verschaffen und nach mehr als einem Vierteljahrhundert ununterbrochener Lehrtätigkeit in preußischen Diensten ein Semester aussetzen wolle, folgte die Trauerbotschaft auf dem Fuße.

Mir aber bedeutete diese Botschaft den Abschluß einer menschlichen Beziehung, die demnächst ein volles Menschenalter umfaßt hätte, und damit das Ende eines beträchtlichen Stücks eigenen Lebens. Mit einer Persönlichkeit von der Wucht Erich Schmidts in jungen Jahren zusammentreffen und dann jahrzehntelang mit ihr in naher Berührung bleiben, heißt seinem eigenen Leben in dieser Persönlichkeit einen Steuermann geben, mindestens in allen Willensbestimmungen des Lebens diese Persönlichkeit bewußt und unbewußt mitentscheiden lassen. Geht sie dahin, so muß, auch wer längst gelernt hat, daß er in diesem Leben nur sich selbst vertrauen und nur auf sich selbst bauen dürfe, für die Zukunft neue Wege der Lebensgestaltung suchen, überzeugt, daß ihm auch eine neue und gesteigerte Verantwortung in seinem Beruf zufällt.

Und darum fehlt mir vorläufig die innere Sammlung und die beschauliche Ruhe, die der Charakteristiker benötigt. Desto stärker verspüre ich die Macht der Persönlichkeit, deren Verlust mich heute bedrückt und beirrt. Und aller Trauer des Tages zum Trotz freue ich mich, daß es mir gegönnt war, diesen Menschen zu erleben und in seiner Glorie zu schauen. Ich erkenne aber auch aus den Nachrufen, die mir der Tag bringt, daß gleiche Freude nur dem erstehen kann, der Schmidt von früh auf gekannt hat und die ganze Entwicklung seines Wesens überblickt. Getrost darf ich allen, die ihm nur in den letzten fünfzehn bis zwanzig Jahren nahegetreten sind, zurufen: was wißt ihr von Erich Schmidt!

Selten dürfte ein Mensch den Begriff eines Lieblings der Götter und Menschen so rein und so stark verkörpert haben wie der junge Erich Schmidt. Er brauchte nicht zu tun, er brauchte nur zu sein, um diese Freude auszulösen. Das Herz ging einem auf, wo er erschien. Wie Licht strömte es von ihm aus; wenn er sich in dem Gedränge einer Menschenmenge zeigte, lenkte er alle Blicke auf sich und es schien, als ob alles nur um ihn herum sich bewege. Jünglinge freuen sich, große Menschen zu entdecken; und gern billigen sie einer außergewöhnlichen Erscheinung, der sie im Leben begegnen, etwas von dem Heroenhaften zu, das ihnen auf der Schulbank in Gestalten alter Zeit aufgegangen war. Auch ich spürte als Student und später noch nach solchen Ausnahmenaturen, deren äußere Erscheinung schon Menschen von machtvoller Wirkung, Berufene, Auserlesene versprach. Doch wenn ich sie dann mit Erich Schmidt zusammentreffen sah, so mußten sie hinter ihn zurücktreten. Auch im Kreis Auserlesener wirkte er wie der Auserlesenste, wie ein geborener Führer und Entscheider.

Ich bin mir durchaus bewußt, daß ihm etwas von dieser bezwingenden Wirkung bis in seine letzten Jahre treu geblieben ist. Wenn auf den jüngsten Weimarer Goethetagen Erich Schmidt den dichtgefüllten Saal der Armbrustschützen betrat und langsam durch das Gewühl den Weg sich zum Vorstandstisch bahnte, so hafteten immer noch alle Blicke nur an seinem Haupt, das hoch über die Menge emporragte; und es war, als ob alle nur um seinetwillen gekommen wären, als ob neben seiner Erscheinung der ganze Festvorgang nur Nebensache sei, nur Rahmen für ihn. Diesem Gastgeber konnte keiner gegenübertreten, dem er an menschlicher Wirkung hätte weichen müssen. Ist es wirklich nötig, für Erich Schmidt ein Wort einzulegen, weil er gern in Hofkreisen sich bewegte, so genügt wohl der Hinweis, daß er nie auch nur mit einer Bewegung den gesellschaftlich Unebenbürtigen andeutete, dem solcher Verkehr Huld und Gnade darstellt. Gleichwohl lag ihm nichts ferner, als Männerstolz vor Königsthronen zu tragieren. Etwas Selbstverständliches war ihm, höfische Form zu wahren und doch seiner Würde nichts zu vergeben.

Und so war er schon im Jahre 1885, wenig über zweiunddreißig Jahre alt, nach Weimar gegangen, hatte seinen Wiener Lehrstuhl aufgegeben, um im Dienste Goethes und einer würdigen Nachfolgerin Anna Amalias fortan tätig zu sein; er durfte es tun, im Bewußtsein, daß er auch in den Hofkreisen Weimars mehr zu geben als zu empfangen hatte, ganz wie er es von seiner akademischen Lehrtätigkeit her gewohnt war. Den Schülern, die er in Wien zurückließ, machte er den Abschied nicht leicht. Sein Nachfolger mußte es büßen. Noch erinnere ich mich des Augenblicks, da Schmidt an der Tafel der Abschiedsfeier sich erhob und das Wort »unersetzlich«, das ihm aus den Reden des Abends entgegentönte, von sich abwehrte. Dennoch mochte mancher noch lange Zeit das Gefühl in sich herumgetragen haben, daß ihm ein Ersatz für Schmidt nicht geworden sei, bis er endlich erkannte, daß starke geistige Wirkung auch da walten könne, wo eine minder bezaubernde Persönlichkeit am Werk ist.

Nach Weimar war Schmidt gegangen, nicht bloß weil Scherer es wollte und weil eine fürstliche Frau von ungewöhnlicher Geistes- und Herzensbildung ihm die Pforten zu den lange verschlossenen Schätzen von Goethes Nachlaß vertrauensvoll eröffnete. War's ihm auch nicht beschieden, gleich dem jungen Goethe in Weimar die Aufgabe eines Staatenlenkers zugeteilt zu erhalten, so winkte da doch, was auch dem jungen Goethe letzten Endes wichtiger war, als das Amt eines kleinstaatlichen Ministers: der Eintritt in eine andere Gesellschaftsschicht, der Gewinn einer neuen Unterlage des Lebens, die Möglichkeit, über einen zwar nicht engen, aber immer doch einseitigen Betätigungskreis hinauszugelangen. War nicht ganz selbstverständlich, daß all dies eine Natur lockte, die so viel in sich trug, was über die Grenzen der Tätigkeit eines Hochschullehrers hinauswies? Oder sollte die Macht, die Schmidt über andere auszuüben verstand, dauernd auf Hörsaal und Seminar beschränkt bleiben?

Zugefallen war ihm ja in einem Alter, das anderen noch lange zur Vorbereitung auf künftige Tätigkeit dient, fast alles, was dem Universitätslehrer an Erfolgen und an Lebensgewinn werden kann. Gerade in den Jahren, da er die erste Lehrkanzel seines Faches in Österreich innehatte, erhob sich das Wiener germanistische Seminar unter seiner und Heinzels Leitung zu einer Höhe, die weder vorher noch nachher überholt worden ist. Vor allem versammelte sich um Heinzel eine auserlesene Schar von Seminaristen; sie bildete den Grundstock der Schule Heinzels, die heute innerhalb der Germanistik eine führende Rolle spielt und weit über die Grenzen Österreichs hinaus ihre Wirkung ausübt. Heinzels unmittelbare Schüler aber versäumten kein Kolleg und keine Übung Erich Schmidts. Sie spornten Schmidts Schüler zu eifrigem Wettbewerb an. Ob aus diesen Wiener Schülern Schmidts etwas geworden ist, mögen andere entscheiden. Dankbar erinnern sie sich des regen Gedankenaustausches und einer Arbeitsgemeinschaft von Germanistik und neuerer deutscher Literaturgeschichte, wie sie seitdem wohl nicht wieder an einer Universität deutscher Zunge bestanden hat. Im alten wie im neuen Seminar führte damals die scharfsinnige Dialektik S. Singers zu dauernder Aufstellung neuer Probleme. Schmidt aber nutzte gern dieses Ferment seminaristischer Verhandlung und ließ auch später mit Vorliebe eine Denkform auf sich wirken, die seiner eigenen durchaus entgegengesetzt war. Frohen Mutes durfte er in uns allen seine Schüler erkennen; auch Ferdinand Detter und Konrad Zwierzina hatten Gelegenheit, auf dem Lehrstuhl des schweizerischen Freiburg zu bewähren, was sie von Schmidt gelernt.

Gebannt fühlten wir alle uns durch Schmidts Persönlichkeit, doch auch durch die fast spielende Leichtigkeit, mit der er sein damals schon außerordentliches Wissen in scharfer Prägung und in geschmackvoller Form darbot. Mich will es heute bedünken, als ob in seinen Vorlesungen noch die bösesten Strecken des siebzehnten Jahrhunderts belebend und anregend gewirkt hätten. Ich besinne mich einer zweistündigen Literaturangabe des ersten Goethekollegs, das ich bei ihm hörte, und glaube noch heute behaupten zu dürfen, daß sie ein Genuß war.

War doch alles von einer ungebrochenen und unvergleichlichen Frische getragen. Und dann war in dem Menschen Schmidt und in seinem Wort eine Strammheit, die wie ein belebender, aus deutschem Norden nach dem lässigeren Süden wehender Lufthauch wirkte, während die nordische Schärfe, deren Wert der Österreicher nur nach langandauernder Berührung mit norddeutschem Wesen zu würdigen versteht, in Schmidt durch die Bedingungen seines äußeren Lebens wie seines Naturells damals noch stark gedämpft war. Endlich sprach zu uns ein Mann, der sein Wissen nur in Nebenstunden aus Büchern geschöpft zu haben schien, sonst aber ganz und gar mitten im Leben der Dichtung seiner Zeit sich bewegte. Wie muffig und papieren erschien da dem fleißigen Studenten, der seine Weisheit aus Büchern holen wollte und der von lebendiger Dichtung und lebenden Dichtern nur beihin Kenntnis zu nehmen dachte, sein eigenes Wissen von Literatur! Warf Schmidt den Namen eines lebenden Dichters in seine geschichtlichen Betrachtungen hinein, nannte er ein Stück, das dem Repertoire der achtziger Jahre angehörte, so klang das nach nächster, persönlichster Vertrautheit; diese Dichter kannte er von Angesicht zu Angesicht oder er war ihr Freund; diese Stücke hatte er gesehen, und nicht bloß auf den Wiener Bühnen. Und auch die Darsteller waren ihm nahegetreten. Heine erzählt einmal spöttisch, wie sehr ihm imponierte, wenn Wilhelm Schlegel, vom Bonner Katheder herab, von dem Großkanzler von England sprach und dann immer hinzusetzte »mein Freund«. Uns imponierte es ehrlich, und wir fühlten etwas Starkes dahinter, wenn Erich Schmidt den gleichen Zusatz fast stets mit den Namen der lebenden großen deutschen Dichter und Schauspieler verband. Heute ist längst gebucht und urkundlich festgelegt, mit welch gutem Recht er es tat und wie gern auch diese deutschen Poeten und Darsteller ihn ihren Freund nannten.

Während er indes ganz im Leben aufzugehen schien, fand er in der Wiener Zeit genug Muße, den ersten Band seines Hauptwerks, der Biographie Lessings, zu vollenden und den zweiten vorzubereiten. Daneben entstand fast die ganze Reihe der ersten Sammlung seiner ›Charakteristiken‹. Sie bezeugt, wieviel er damals unterwegs war, sie verzeichnet, was ihm seine Reisen an neuer Erkenntnis einbrachten, aber auch, was er von Wien hinaustrug, um es an anderem Ort einer andächtig lauschenden Menge darzubieten.

Solcher Reichtum allseitiger Betätigung wissenschaftlicher Art war kaum noch zu überbieten. Hier war eine ungewöhnliche Begabung am Werk; der Liebling der Götter und Menschen war aus einem einzigen Guß geformt. Was die herzenbezwingende äußere Erscheinung versprach, hielt der innere Mensch, der Gelehrte, der Lehrer, der Schriftsteller, der Redner. Darum überschritt auch der Erfolg das übliche Maß.

Hatte Weimar solchem reichen und inhaltsvollen Leben noch ein Mehr zu bieten? Ganz gewiß gab Schmidt viel auf, als er von Wien nach Weimar ging. Doch wie er gleich Goethe an der Ilm menschlich reifte, so bot ihm die Aufgabe, das Goethearchiv (noch war es kein Goethe- und Schillerarchiv) zu ordnen und auszuschöpfen, erwünschte Gelegenheit, eine Gabe und eine Neigung stärker als bisher zu betätigen, die in vielleicht befremdendem Gegensatz zu dem weltfrohen Grundzug seiner geselligen Natur ihm von früh auf eigen waren. Erich Schmidt war ein lesartenfreudiger Philologe von echtem Schrot und Korn. Nicht nur durch die Schule der germanischen, auch durch die der klassischen Philologie war er gegangen. Die sauberen Mitschriften, die er einst in Straßburg aus den Vorlesungen Wilhelm Studemunds heimgetragen hatte, waren noch spät sein Stolz. Dieses Weltkind, dem wissenschaftliche Gewinne leicht und ohne Mühe zuzufliegen schienen, konnte Stunden um Stunden der peinlich genauen, strengste Selbstzucht und vollste Aufmerksamkeit erheischenden Arbeit der Textrevision widmen. Philologie war ihm nicht ein eilfertiges, durch verblüffende Behauptungen rasche, aber auch vergängliche Erfolge erzielendes Aufbauen von Hypothesen. Sondern mit der vollen Fähigkeit des Entsagens, die von einer äußerlich unscheinbaren, nichts weniger als blendenden, in ihrem wahren Wert nur nach langen Jahren erkennbaren Bemühung gefordert wird, rang er nach zuverlässiger Textgestaltung, nach sauber geordneter Darlegung des Stoffes, aus dem die Geschichte eines Textes sich ergibt, und endlich nach einer wissenschaftlich gedachten und zuverlässigen Deutung des Textes. Die Menge von Arbeit, die lange Zeit und die geistige Anspannung, die der Textgestalter und Texterklärer aufwenden muß, ehe er seine Ergebnisse in ein paar Zeilen zusammenfassen kann: ihm war das alles ein gern gesuchter Lebensgewinn und er verstand es auch noch, andere zu trösten, die von verwandter Arbeit kamen und verdrossen erwogen, ob sie mit gleicher Anspannung nicht Verdienstlicheres hätten leisten können. Er wies dann darauf hin, wie gut es sei, wenn diese Arbeit einmal ordentlich durchgeführt werde. In unserem Zeitalter der überhetzten und darum unzuverlässigen Gesamtausgaben und der ebenso geschmackvoll ausgestatteten wie wissenschaftlich unbrauchbaren Neudrucke, in einer Zeit zugleich, in der von Banausen philologischer Apparat und erklärende Anmerkungen als Hemmnisse künstlerischen Verständnisses bezeichnet werden, wahrte Schmidt energisch und ohne Anspruch auf den Beifall der großen Menge einen wissenschaftlichen Brauch, dessen tiefe innere Berechtigung dem Einsichtigen nicht noch nachgewiesen werden muß.

Dem Philologen Erich Schmidt glückte allerdings auch eine Tat, die seinen Namen sofort in aller Mund brachte. Als er Wien verließ, um sein neues Amt anzutreten, sprach er die zuversichtliche Hoffnung aus, im Goethearchiv die älteste Gestalt von Goethes ›Faust‹ und von ›Wilhelm Meisters Lehrjahren‹ aufzufinden. Die Hoffnung erwies sich als trügerisch. Allein er ruhte nicht, ehe er an anderer Stelle, in Dresden, den ›Urfaust‹ entdeckt hatte. Den ›Urmeister‹ förderte nur viel später ein Zufall ans Licht; Schmidt verzichtete damals auf die Herstellung der ersten Ausgabe des Romanfragments, das er nicht aufgespürt hatte. Der ›Urfaust‹ hingegen, mit dem der Name seines Entdeckers verknüpft bleiben wird, und die Fülle von Vorarbeiten, Entwürfen und ersten Ausführungen der ganzen Faustdichtung, die im Archiv lagen, wurden von Schmidt zum ersten Male und in mustergültiger Form veröffentlicht. Die Entstehung von Goethes ›Faust‹ enthüllte sich damit in zuverlässiger Weise; eine Menge geistreicher und blendender Hypothesen sank in nichts zusammen. Schmidt indes hatte nichts zurückzunehmen. Er hatte »die Eilfahrt ins Land des Allwissenkönnens«, wie er es einmal nannte, nie mitgemacht. Noch im Wiener Seminar hatte er sich zu den Vermutungen der Faustphilologie sehr vorsichtig verhalten. Uns wollte das gar nicht gefallen. Wir bauten an den Hypothesen eifrig weiter. War's doch auch verlockend, nach Scherers Muster etwa eine hypothetische Entstehungsgeschichte der ›Helena‹ sich zurechtzulegen, die Scherers eigenen Vermutungen durchaus widersprach. Den Unwert dieser leichterbrachten Scheinbeweise fühlte Schmidt heraus. Bald wehrte er sich auch gegen die bösen Folgen, die aus der Hypothesenlust der Faustphilologie sich ergaben. Die Widersprüche des ›Faust‹ hatte man zu erweisen gesucht, um nach ihnen die zeitlich verschiedenen Schichten der Dichtung zu erkennen. Schmidt erklärte öffentlich wohl als erster, wie durch die geschäftige Lösung der Maschen und durch das Hinundherdatieren eine solche Verwirrung sich ergeben habe, »daß die Summe dieser Nachweise, schematisiert oder als bunte Landkarte veranschaulicht, eine jugendlich genial geschaffene Szene zu einer Mosaik aus Stiftchen verschiedener Zeit und verschiedenen Schliffs machen würde«. Und so rief er den Faustphilologen ein warnendes »Splittert nur nicht alles klein!« zu. Minor ging den Faustphilologen später noch schärfer an den Leib; wie sehr er im wesentlichen mit Schmidt da und auch in der Ablehnung allzueifriger und allzuzuversichtlicher Benutzung innerer Beweisgründe, endlich in der Warnung vor unvorsichtiger Bewertung von Parallelstellen übereinkam, scheint Minor selbst nicht gefühlt zu haben, als er seinen Kommentar des ›Faust‹ unwillig den Philologen der Zukunft widmete. Wenn ein Philolog ihm zustimmte, so war es der echte Philologe Erich Schmidt.

Schmidt selbst wandte die Methode, die er an Goethes Nachlaßpapieren sich erarbeitet hatte, auf die Gedichte Uhlands, auf Heinrich v. Kleist und auf die unsäglich schwierigen Aufzeichnungen aus Otto Ludwigs Spätzeit an. Musterstücke der Textbehandlung erstanden da. Noch zuletzt konnte er dem Buch ›Caroline‹ von G. Waitz, der reizvollen Urkundensammlung aus dem Leben der interessantesten Romantikerin, eine strengere und reinere Form schenken. Schmidts allerletzte Gabe, das Büchlein, in dem er Schellings Gedichte vereinte, hängt mit der Erneuerung der ›Caroline‹ enge zusammen. Alle diese Ausgaben, ebenso wie seine Beiträge zur Jubiläumsausgabe von Goethes, zur Säkularausgabe von Schillers Schriften, wie sein Anteil an den Schriften der Goethegesellschaft, voran die Ausgabe des Xenienmanuskripts, bewähren Schmidts Gabe, in knapper Form eine Fülle erklärenden Stoffes, immer geistreich und anregend, zusammenzustellen. Belesenheit und rastloser Spürsinn verbinden sich allenthalben mit der Kunst, durch wenige Worte über die Grenzen der Sacherklärung zu weiteren Ausblicken zu leiten.

Natürlich wurde nur der kleinste Teil dieser Arbeit in den wenigen Monaten geleistet, die Schmidt in Weimar verlebte. Schmidt sah sich ja nicht lange vor die Frage gestellt, ob dauernder Verzicht auf akademische Lehrtätigkeit, wie ihn Weimar mit sich brachte, seinem Naturell möglich sei. Im Herbst 1885 war er nach Weimar gegangen; schon im Sommersemester 1887 eröffnete er als Nachfolger Wilhelm Scherers seine Berliner Vorlesungen. Im nächsten Semester war es mir nochmals gegönnt, zu seinen Seminaristen zu zählen. Dann erblickte ich ihn erst 1893 wieder. In dieser Zeitspanne war er ein ganz anderer geworden. Eine Entwicklung, deren Anfänge, sei's in Weimar oder unmittelbar nach Weimar, eingesetzt hatten, wurde immer kenntlicher: wie jugendlich er auch noch erschien, die Zeit der glückbegnadeten Jugend war auch für ihn dahin. Um seine Lippen prägten sich Falten, die von inneren Kämpfen zeugten. Nicht wenn man mit ihm in engstem Kreis oder auch ganz allein war, aber wenn man ihn im Verkehr mit vielen, zunächst in der Berührung mit seinen Studenten sah, ahnte man ein leises und doch entschiedenes Abwehren. Und doch hatte man das Gefühl, daß er lieber den alten Ton angeschlagen hätte und nur mühsam einen trockeneren sich abzwang. Die soldatische Strammheit, die fortan dem Beobachter als erster an Schmidts Erscheinung aufging, mag ihm mindestens anfangs nicht leicht geworden sein. Hatte traulicheres Entgegenkommen ihm vielleicht böse Erfahrungen eingetragen? Fühlte er sich bemüßigt, in Berlin sich Haare auf den Zähnen wachsen zu lassen, wie Goethe dem Berliner nachsagt?

Siegreich hatte Schmidt auch den Berliner Boden erobert. Ja, der Umkreis seiner Hörer übertraf bald bei weitem das Wiener Maß. Noch viel mehr als in Wien konnte er jetzt auf die öffentliche Bildung wirken. Denn wie schon Scherer es getan, sprach er nicht nur im Hörsal der Universität zu Studenten (und nur der größte genügte schon in seinem zweiten Berliner Semester dem Andrang), vielmehr fand er in der Frauenwelt, die ihm im Viktorialyzeum lauschte, ein noch dankbareres Publikum. Im gesellschaftlichen Leben bot Berlins reichere gesellige Bewegung ihm gleichfalls Gelegenheit zu stärkerer Betätigung. Wie einst in Wien, konnte er jetzt in Berlin Kulturarbeit in weitem Umfang leisten und dabei zugleich das Leben auf sich wirken lassen. Hinzu trat, daß Schmidt sein Berliner Lehramt in einem Zeitpunkt antrat, da in die deutsche Literatur eine reiche und starke Bewegung kam. Längst schon war er aufmerksamen Blicks den Regungen naturalistischer Kunst des Auslands nachgeschritten. Die Russen und Zola gingen ihm in ihrer literarischen Bedeutung auf, als andere sie noch scheu mieden. Für Ibsen begann eine tatkräftige Schar junger Germanisten, zum Teil Straßburger Schüler Schmidts, in dessen erstem Berliner Winter einen heißen, bald aber siegreichen Kampf zu eröffnen. Schmidt hielt seine schützende Hand über die Bestrebungen dieser Vorkämpfer neuer Kunst. Neben dem alten Fontane, dem Schmidt innerlich immer näher kam, wurde er, ohne unmittelbar und durch gesprochenes oder gedrucktes Wort in den Streit einzugreifen, der nachhaltigste Förderer Hauptmanns und der Dichtergemeinde, die in Hauptmanns Gefolge ein neues deutsches Drama zu schaffen unternahm. Otto Brahm eröffnete in seinem Deutschen Theater diesem neuen Drama die Möglichkeit, Bühnenwirksamkeit zu bewähren. Und wie einst mit dem Wiener Burgtheater blieb jetzt Schmidt mit der naturalistischen Kampfbühne, nochmals auch mit Reinhardt in engster Fühlung. Die vielfachen Bahnen fruchtbarer Betätigung, die er in Wien begangen hatte, erhoben sich in Berlin so in immer lichtere Höhen; es war als ob er an der Donau nur in engerem Kreise vorbereitet hätte, was in Berlin zu mächtig ausgedehnter Entfaltung kam.

Gleichwohl konnte einem aufmerksamen Beobachter nicht entgehen, daß Schmidt in Berlin diese Dinge doch in anderer Weise nahm als in Wien. Jugendlich mutig und unbekümmert hatte er früher wie spielend ein reiches Erleben mit seiner Wissenschaft in Einklang gebracht. In Berlin begann er Leben und Wissenschaft sauber zu scheiden. Wohl war auch schon in Wien der Grundsatz von ihm vertreten worden, daß er im Kolleg die lebenden Dichter zwar erwähnen, nie aber sie zum eigentlichen Gegenstand wissenschaftlicher Betrachtung erheben wolle. Solange von starker Bewegung in der deutschen Literatur der Zeit nichts sich bemerkbar machte, solange nur einzelne Große vereinzelt am Werk waren, nicht aber eine ganze Generation sich anschickte, eine neue Kunst zu erobern, trat der Gegensatz akademisch zurückhaltenden Brauches und täglich gern geübter Betrachtung, der Unterschied zwischen wissenschaftlicher Ausschließung und persönlicher Hochschätzung der neuesten Dichtung nicht störend hervor. Bald aber vernahm ich zu meiner Verwunderung, daß Zuhörer Schmidts, die nach einem Wort über die lebenden Dichter verlangten, den Eindruck gewannen, er stehe diesen ganz fremd gegenüber. Dem Mann, dem ich selbst den Hinweis auf die Poesie unserer Zeit dankte, wurde vorgeworfen, er hafte nur am Alten und kümmere sich nicht um das Neue! Zugegeben sei, daß Schmidt die Richtungen, die auf den Naturalismus folgten, lange Zeit mit starken Zweifeln betrachtete und wohl nie ganz warm für sie gefühlt hat. Allein das gründliche Mißverständnis, das der akademische Redner und gelehrte Schriftsteller wachrief, ein Mißverständnis, das jedem seiner näheren Bekannten fast unbegreiflich sein mußte, ruhte noch auf anderen Voraussetzungen.

Schmidt hatte in Weimar seinen Lessing weiter getrieben und kurz nach Beginn seiner Berliner Zeit ihn vollendet, in ihm die rundeste und geschlossenste Leistung auf dem Feld wissenschaftlicher Erforschung und Darstellung neuerer deutscher Literatur geschaffen. Weitere Auflagen wurden rasch nötig und gestalteten sich zu gründlichen Umarbeitungen. Allein mit diesem Werke und seinem Ausbau schien Schmidts Bedürfnis nach schriftstellerischer

Tätigkeit beinah erschöpft zu sein. Als Herausgeber philologisch exakter Texte und als Redaktor einer langen Reihe von Bänden der weimarischen Goetheausgabe war er freilich jahrelang derart in Anspruch genommen, daß er zu geplanten größeren schriftstellerischen Leistungen nicht gelangte, eine beabsichtigte Biographie Uhlands nicht fertigstellte, ja auch die früher gern geübte Kunst des Essays immer weniger ausübte. Schon durch dies allmähliche Zurücktreten seiner wissenschaftlichen Darstellungstätigkeit fand er weniger und weniger Gelegenheit, den Reichtum innerer künstlerischer Erlebnisse, der ihm täglich aus neuester Dichtung und auch aus neuester Kunst zufloß, in Worte umzusetzen. Gewiß schrieb er nach wie vor über lebende Dichtung, sprach auch gern ein bedeutsames Wort rückblickender Betrachtung, wenn ein Dichter deutscher Zunge aus dem Leben schied. Aber nicht kam er dazu, das Einzelne zu einem Ganzen zusammenzufassen, das Gesamte, das sich ihm in einer ungemein vielseitigen Betrachtung von Kunst und Leben ergab, auszusprechen. Vielleicht gerade deshalb, weil sein Leben immer reicher und vielgestaltiger, der Umkreis seines Verkehrs immer größer geworden war. Dilthey verstand es, je älter er wurde, ganz im Gegensatz zu Schmidt immer besser, das Ergebnis eines Lebens voll eindringlicher Betrachtung und Erwägung des Geistes und der Kunst wie in einem scharfen Spiegel aufzufangen, wohl auch weil dieses Leben äußerlich nicht so reich war wie das Schmidts. Wer mit Schmidt zusammentraf, ahnte aus den hingestreuten Bemerkungen des glänzenden Plauderers, welchen Schatz von innerer Erfahrung er in sich aufgespeichert hatte. Er aber blieb, schon vermöge seiner Freude an dem Individuellen, Einmaligen, ganz Persönlichen bei wohligem Genuß des Einzelnen stehen. Wäre ihm gegönnt gewesen, im Alter diesen fast unübersehbaren Reichtum noch einmal machtvoll zu einem Ganzen zusammenzuballen, mit der Kraft der Verdichtung, die ihm eigen war: wir hätten ein Werk erhalten, in dem sich Schmidts Zeit in unvergleichlicher Weise und in einer Vollständigkeit gespiegelt hätte, die wohl keinem seiner Zeitgenossen in Deutschland zugänglich ist.

Etwas von dem schmerzlichen Verzicht, der sich je länger je mehr in seinen Zügen spiegelte, mochte auf das Gefühl zurückgehen, daß seine wissenschaftliche Tätigkeit, die Kathederrede, das Seminar, die Arbeit für die Akademie der Wissenschaften, die umfangreiche philologische Bemühung, all diese mit strenger Gewissenhaftigkeit geübte Leistung nicht Raum ließ, den Reichtum seiner inneren Erlebnisse in dauernde Werte umzusetzen. Wäre er ein Dichter gewesen, so hätte ein Drama oder ein Roman sie aufnehmen können. So blieb ihm nur die Sehnsucht, seinem Leben einen ganz neuen Boden zu geben, auf ein Feld der Betätigung überzugehen, das dem Berufe seiner Jugend und seines Mannes-alters vielleicht benachbart wäre, aber doch auch die Möglichkeit böte, das Erlebte, das er einst so leicht in den Dienst seines Faches zu stellen gewußt hatte, zu voller Wirkung auch im Alter kom-men zu lassen und aus diesem Erlebten neues Leben zu erwecken.

Er war kein Dichter, der ein dauerndes Werk der Kunst schaf-fen konnte. Aber künstlerische Höhe erstieg er allmählich in sei-nen Reden; besser sage ich: in der Formung des laut gesprochenen Wortes. Der Druck ist nicht imstande, diese Redekunst Schmidts voll zu vergegenwärtigen. Vielmehr befremdet manches, was in seinen Reden dem Zuhörer ganz selbstverständlich, ja echt künst-lerisch erschien, wenn es schwarz auf weiß vor uns liegt. An dem Wachsen dieser Redekunst freute ich mich, so oft ich von neuem Schmidt zu hören Gelegenheit hatte. Anfangs lag der Zauber sei-ner Rede in der Frische und Derbheit seiner Worte; im übrigen galt ihm noch der Grundsatz des jungen Goethe: »Es trägt Ver-stand und rechter Sinn mit wenig Kunst sich selber vor.« Schon in der ersten Berliner Zeit spürte man eine bewußtere Gestaltung der Form. Und immer reicher und voller bildete sich diese Form aus. Die Mittel prunkvoller Rhetorik vermied Schmidt auch zu-letzt. Vornehm und gehalten war der Grundton der Reden seiner Reifezeit. Und treu blieb ihm vom Anfang bis zum Ende eine bewegte und darum bewegende Sprechmelodie, die Schöpfung und Auslösung eines Organs von klarem Wohllaut. Ihren höchsten Triumph feierte Schmidts Redekunst wohl in den Tagen der Jahr-hundertfeier der Berliner Universität. Ein vom Tod gezeichneter Mann, erstieg der Jubiläumsrektor Erich Schmidt damals die Höhe seiner ihm eigenen Kunst.

Diese Redekunst Schmidts war aber bis aufs letzte auch auf denselben Ton gestimmt, wie seine Kunst der Charakteristik ein-zelner Personen und einzelner Werke. Impressionismus ist ein zu vieldeutiges Wort, als daß es schlagend bezeichnete, was ich meine. Aber aus stark erlebten Eindrücken geht Schmidts Charakterisie-rungskunst hervor. Es ist, als ob er mit dem Dichter oder mit der Dichtung heiß gerungen, sie nicht gelassen hätte, ehe sie ihm ihren Eigenton verrieten. Wenn seine Rede das Bild eines Menschen oder einer Dichtung entwarf, meinte der Lauscher zu sehen, wie Schmidt eine klare und deutliche innere Anschauung von überwältigender Gegenständlichkeit vor sich hatte und sie in Worte brachte, die Zug um Zug dem äußern und dem innern Eindruck des Gegenstandes der Anschauung entsprachen und die zugleich das Blut deutscher Sprache erneuerten. Eindruckskunst war das; und den Forderungen des Impressionismus entsprach Schmidt auch, indem, was er so, verdichtend und zusammendrängend, zum berückend ähnlichen Abbild gestaltete, selbst ein kleines Kunstwerk war. Der Impressionismus will ja Kunst nur wieder durch Kunst verdeutlichen. Dieser Verdichtung und Zusammendrängung entsprach auch der Satzbau der Rede, der in lauter Aussprache wie selbstverständlich wirkte. Wiederum vermag der Druck diese Wirkung nicht zu erbringen, ja er weckt leicht das Gefühl übermäßiger Gedrängtheit.

Gerade weil solcher Impressionismus Kunst ist, kann er nur wieder Künstler erziehen. Soviel Schmidt seinen wissenschaftlichen Jüngern zu bieten hatte, seine Kunst der Charakteristik konnte auf die Mehrzahl nur in ihren äußerlichsten Zügen übergehen. Und da berührt sie, wie jede äußerliche Nachahmung oft recht bedenklich. Dagegen ist unbestreitbare Tatsache, daß Hauptvertreter deutscher impressionistischer Kritik und Dichtung in Schmidts Vorlesungen und Übungen gesessen haben. Da wirkte Kunst belebend und fördern auf Kunst. Namen seien hier nicht weiter genannt. Selbstverständlich trieben diese Hörer Schmidts den Impressionismus und seine Wortkunst weiter und kamen schließlich an einer Stelle an, die von Schmidt weit ablag. Auch verschoben sie zum guten Teil den Impressionismus immer mehr ins Subjektive, während es Schmidts Ruhm bleibt, eine Eindruckskritik von starker Objektivität und echt wissenschaftlicher Selbstentäußerung festgehalten zu haben. Goethisch zu reden: sein Impressionismus bleibt nicht auf der Stufe der Manier stehen, sondern erhebt sich zur Höhe der Naturnotwendigkeit und des Stils. Indes wenn Schmidt auch eine Generation von Impressionisten heranbildete, deren Gebärden von denen des Lehrers sich wesentlich unterscheiden, so ist dennoch sein bester und dauerndster Ruhm, daß er, dem Kurzsichtige vorwarfen, er kümmere sich nicht um die Kunst seiner Zeit, an dem Werden dieser Kunst bestimmend mitgeschaffen hat. Erich Schmidt gehört nicht nur in die Geschichte der Wissenschaft, er gehört auch in die Geschichte deutscher Kunst; denn er hat an der Zubereitung und Formung des Ausdrucksmittels neuester deutscher Poesie, an der künstlerischen Sprache unserer Tage, mitgearbeitet. Das Denkmal, das im Bewußtsein der Nachwelt ein Mann der Kunst sich errichtet, ist auf längere Dauer berechnet, ist zugleich auch sichtbarer, als das Denkmal, das einem Historiker und Kritiker zufällt.

Quellennachweis und Kurzbiographien

Hinweise

Die Texte entsprechen den jeweiligen Vorlagen. Vereinheitlichungen sind in folgenden Punkten vorgenommen worden:

Umlaute werden der heutigen Schreibweise angeglichen.

Die Fußnotenzählung erfolgt je Text fortlaufend.

Werktitel sind einheitlich gekennzeichnet durch ›...‹.

Alle Hervorhebungen im Originaltext (Kursivierung, Sperrung, Halbfett) erscheinen im Kursivdruck.

Im Quellenverzeichnis steht E für den Erstdruck, V kennzeichnet die Druckvorlage. E wird nur angegeben, wenn er von V abweicht.

Ein für beide Bände gemeinsames Namen- und Sachregister findet sich in Band 2.

Für die Erteilung der Druckerlaubnis dankt der Herausgeber den Inhabern der Urheberrechte herzlich.

Wilhelm Scherer: An Karl Müllenhoff

V: Wilhelm Scherer, Zur Geschichte der Deutschen Sprache. Berlin 1868. S. III–XIV.

* 26. 4. 1841 Schönborn (Niederösterreich), 1864 Habilitation Wien, 1868 o. Prof. Wien, 1872 Straßburg, 1877 Berlin, † 6. 8. 1886 Berlin. – Schüler von Vahlen und Pfeiffer in Wien, von Bopp und Müllenhoff in Berlin.

Konrad Burdach: Über deutsche Erziehung

E: Konrad Burdach, Über deutsche Erziehung. In: Anzeiger für Deutsches Altertum. XII, 1886, S. 156–163.

V: Konrad Burdach, Vorspiel. Gesammelte Schriften zur Geschichte des deutschen Geistes. Bd. 1 (1. Teil: Mittelalter). Halle: Niemeyer 1925. S. 20–45.

* 29. 5. 1859 Königsberg, 1884 Priv.-Doz. Halle, 1887 a. o. Prof. Halle, 1894 o. ö. Prof. Halle, † 18. 9. 1936 Berlin. – Schüler von F. Zarncke und R. Hildebrand, seit 1902 Leiter der Forschungsstelle für deutsche Sprachwissenschaft bei der Preuß. Akad. der Wiss. Berlin.

WILHELM DILTHEY: Wilhelm Scherer zum persönlichen Gedächtnis

V: Wilhelm Dilthey, Wilhelm Scherer zum persönlichen Gedächtnis. In: Deutsche Rundschau XLIX, (Oct.–Dec.) 1886, S. 132–146.

* 19. 11. 1833 Biebrich (b. Wiesbaden), 1864 Priv.-Doz. Berlin, 1866 o. ö. Prof. (Philosophie) Basel, 1868 Kiel, 1871 Breslau, 1882 Berlin, † 3. 10. 1911 Seis am Schlern. – Mitglied der Preuß. Akad. der Wiss. Berlin.

ERICH SCHMIDT: Wilhelm Scherer

V: Erich Schmidt, Wilhelm Scherer. In: Goethe Jahrbuch. Hrsg. von Ludwig Geiger. Bd. 9. Frankfurt 1888. S. 249–262.

* 20. 6. 1853 Jena, 1875 Priv.-Doz. Würzburg, 1877 o. ö. Prof. Straßburg, 1880 Wien, 1885 Direktor des Goethearchivs in Weimar, 1887 o. ö. Prof. Berlin, † 30. 4. 1913 Berlin. – Schüler Scherers, seit 1906 Vorsitz der Goethe-Gesellschaft.

Euphorion. Zeitschrift für Literaturgeschichte. Band 1

Hrsg. von August Sauer, Bamberg 1894.
1. August Sauer. Vorwort

V: August Sauer, Vorwort. In: Euphorion 1, 1894. S. III–VI.

* 12. 10. 1855 Wiener-Neustadt, 1879 Habil. Wien, 1879 suppl. Prof. Lemberg, 1883 a. o. Prof. Graz, 1886 a. o. Prof. Prag, 1890 o. Prof. Prag, † 17. 9. 1926 Prag. – Ord. Mitglied (u. Vorsitzender 1926) d. Deutschen Gesellschaft d. Wiss. u. Künste f. d. Tschechoslow. Republik.

2. Wissenschaftliche Pflichten. Aus einer Vorlesung Wilhelm Scherers

V: Wissenschaftliche Pflichten. Aus einer Vorlesung Wilhelm Scherers. In: Euphorion 1, 1894. S. 1–4.

FRANZ SCHULTZ: Berliner germanistische Schulung um 1900

V: Franz Schultz, Berliner germanistische Schulung um 1900. In: Das Germanische Seminar der Universität Berlin. Festschrift zu seinem 50jährigen Bestehen. Berlin/Leipzig: W. de Gruyter 1937. S. 19–23.

* 4. 12. 1877 Kulm, 1903 Priv.-Doz. Bonn, 1910 beamt. a. o. Prof. Straßburg, 1912 o. ö. Prof. Straßburg, 1919 Freiburg i. Br., 1920 Köln, 1921 Frankfurt, † 6. 10. 1950 Frankfurt.

WILHELM DILTHEY: Die Entstehung der Hermeneutik

E: Wilhelm Dilthey, Die Entstehung der Hermeneutik. In: Philosophische Abhandlungen. Christoph Sigwart zu seinem 70. Geburtstag 28. März

1900 gewidmet. Tübingen 1900, S. 185–202 (nach einem Vortrag in der Preuß. Akad. d. Wiss. [Sitzungsberichte 1896 u. 1897]).

V: Wilhelm Dilthey, Gesammelte Schriften Band V: Die Geistige Welt. Einleitung in die Philosophie des Lebens. 1. Hälfte: Abhandlungen zur Grundlegung der Geisteswissenschaften. 4., unveränd. Auflage Stuttgart/Göttingen 1964. S. 317–331.

Zusätze aus den Handschriften: ebda. S. 332–338 (= E: 1. Aufl. 1923).

Die Markierung 〈 〉 in den »Zusätzen« ist aus der Vorlage übernommen und kennzeichnet Einfügungen des Herausgebers Georg Misch. Zur Druckvorlage vgl. im übrigen ebda. S. 426/427.

Biographische Daten: s. o.

Gustav Roethe: Deutsches Heldentum

E: Gustav Roethe, Deutsches Heldentum. Rede zur Feier des Geburtstages Seiner Majestät des Kaisers und Königs, gehalten in der Aula der Königlichen Friedrich-Wilhelms-Universität zu Berlin am 27. Januar 1906. Berlin 1906.

V: Gustav Roethe, Deutsche Reden. Hrsg. von Julius Petersen. Leipzig: Quelle & Meyer o. J. (1927). S. 1–18.

* 5. 5. 1859 Graudenz, 1886 Habil. Göttingen, 1888 a. o. Prof. Göttingen, 1890 o. Prof. Göttingen, 1902 Berlin, † 17. 9. 1926 Bad Gastein. – Schüler Scherers, seit 1904 ständ. Sekretär d. Preuß. Akad. d. Wiss., Mitgl. d. Göttinger Ges. d. Wiss., d. Münchner u. Wiener Akad., Ehrenmitgl. d. Finn. Soc., seit 1921 Erster Vorsitzender der Goethe-Gesellschaft.

Versammlung deutscher Philologen und Schulmänner 1909

V: Die wissenschaftliche Vorbildung für den deutschen Unterricht an höheren Schulen. Vorträge auf der Versammlung Deutscher Philologen und Schulmänner am 29. September 1909 zu Graz gehalten von Dr. Ernst Elster, Universitätsprofessor zu Marburg und Dr. Robert Lück, Gymnasialdirektor zu Steglitz. Mit einem Anhange: Bericht über die Besprechung der beiden Vorträge. Leipzig/Berlin 1912 (= Zeitschrift für den deutschen Unterricht 6. Ergänzungsheft).

1. Ernst Elster
Über den Betrieb der deutschen Philologie an unseren Universitäten

E: Ilbergs »Neue Jahrbücher« 1909. S. 540–548.

V: s. o. (Zs. f. d. dt. Unterr. 6. Ergänzungsheft. 1912) S. 5–15.

* 26. 4. 1860 Frankfurt a. M., 1886–1888 Lecturer Univ. Glasgow, 1888 Priv.-Doz. Leipzig, 1892 a. o. Prof. Leipzig, 1901 a. o. Prof. Marburg, 1903 o. Prof. Marburg, † 6. 10. 1940 Marburg.

2. Robert Lück
Die wissenschaftliche Vorbildung der Kandidaten des höheren Lehramts für den deutschen Unterricht

E: Pädagogisches Archiv 1909, S. 593–604.

V: s. o. (Zs. f. d. dt. Unterr. 6. Ergänzungsheft. 1912) S. 15–27.

* 30. 6. 1851 Mühlhofe/Westf., † 17. 6. 1930 Berlin. – Gymnasialdirektor.

3. Schlußthesen der Beratung
V: s. o. (Zs. f. d. dt. Unterr. 6. Ergänzungsheft. 1912) S. 32.

JOSEF NADLER:
Literaturgeschichte der deutschen Stämme und Landschaften
Worte der Rechtfertigung und des Danks

V: Josef Nadler, Worte der Rechtfertigung und des Danks. In: J. N., Literaturgeschichte der deutschen Stämme und Landschaften. Band I: Die Altstämme (800–1600). Regensburg: Habbel 1912. S. V–IX.

* 23. 5. 1884 Neudörfl/Böhmen, 1912 a. o. Prof. Freiburg/Schweiz, 1914 o. Prof. Freiburg/Schweiz, 1925 Königsberg, 1931 Wien, † 14. 1. 1963 Wien. – Schüler August Sauers, Mitgl. d. Deutschen Ges. d. Wiss. u. Künste f. d. Tschechoslow. Rep., Mitgl. d. Königsberger Gelehrten-Ges., Mitgl. d. Wiener Akad. d. Wiss.

Aufruf zur Begründung eines Deutschen Germanisten-Verbandes
V: Zeitschrift für den deutschen Unterricht. 26, 1912. S. 368.

FRIEDRICH PANZER:
Grundsätze und Ziele des Deutschen Germanisten-Verbandes

V: Verhandlungen bei der Gründung des Deutschen Germanisten-Verbandes in der Akademie zu Frankfurt a. M. am 29. Mai 1912. Hrsg. vom geschäftsführenden Ausschuß. Leipzig/Berlin 1912 (= Zeitschrift für den deutschen Unterricht. 7. Ergänzungsheft.) S. 10–23.

* 4. 9. 1870 Asch/Böhmen, 1894 Priv.-Doz. München, 1901 a. o. Prof. Freiburg i. Br., 1905 o. Prof. Akademie Frankfurt a. M., 1914 o. Prof. Univ. Frankfurt a. M., 1919 Heidelberg (dazwischen 1920 ein Sem. Köln), † 18. 3. 1956 Heidelberg. – Mitglied d. Akad. v. Heidelberg, München und Wien, seit 1941 Präs. d. Heidelberger Akad. d. Wiss.

LEVIN L. SCHÜCKING: Literaturgeschichte und Geschmacksgeschichte
Ein Versuch zu einer neuen Problemstellung

V: Levin L. Schücking, Literaturgeschichte und Geschmacksgeschichte. Ein Versuch zu einer neuen Problemstellung. In: Germanisch-Romanische Monatsschrift V, 1913. S. 561–577.

* 29. 5. 1878 Burgsteinfurt/Westf., 1904 Priv.-Doz. Göttingen, 1910 a. o. Prof. Jena, 1916 o. Prof. Breslau, 1925 Leipzig, 1944 emeritiert, 1946 o. Prof. Erlangen, 1952 emeritiert, 1952–1957 Lehrauftrag München, † 12. 10. 1964 Farchant b. Garmisch. – Präs. Mod. Hum. Res. Assoc. (1928), Sächs. Akad. Wiss., Schwed. Akad. Wiss., Bayer. Akad. Wiss., Amer. Acad. Sci. Boston, Ehrenmitgl. Mod. Lang. Assoc. of Amer., Intern. Assoc. Univ. Prof. of Engl.; Anglistik.

OSKAR WALZEL: Erich Schmidt

V: Oskar Walzel, Erich Schmidt. In: Zeitschrift für den deutschen Unterricht 27, 1913. S. 385–397.

* 28. 10. 1864 Wien, 1894 Priv.-Doz. Wien, 1897 o. Prof. Bern, 1907 TH Dresden, 1921 Bonn, 1933 emeritiert, † 29. 12. 1944 Bonn. – Schüler Jakob Minors und Erich Schmidts.

Inhaltsverzeichnis von Band 2